JN171788

新・兵器と防衛技術シリーズ③

陸上装備の最新技術

防衛技術ジャーナル編集部　編

はじめに

防衛技術協会が発行している月刊誌「防衛技術ジャーナル」では、平成23年（2011年）から「防衛技術基礎講座」を約６年間にわたって連載致しました。主に「航空装備技術」「陸上装備技術」「艦艇装備技術」「電子装備技術」「先進技術」の装備分野別に分類したものであり、その完結を期に、「新・兵器と防衛技術シリーズ」として刊行することに致しました。昨年12月の「航空装備の最新技術」刊行を皮切りに、今年６月には「電子装備の最新技術」を、そして今回は３巻目の「陸上装備の最新技術」が完成しました。本書で収録したのは同講座の“陸上装備技術”（平成25年９月号～26年８月号）と“先進装備技術”の一部からCBRNに関する記述（平成28年４月号～28年６月号）であり、再編集するに当たっては組み換え並びに一部加筆修正しました。

また、本書を発刊するに当たって快くご同意下さった下記のご執筆者の皆様に厚く御礼申し上げます。

池上　俊三、石塚　丈洋、石野　貴之、勝山　好嗣、國方　貴光、杉山　精博、髙野　格、田中　隆行、塚田　佑貴、前野　旭弘、三井久美子、柳田　保雄、吉川　毅。（以上50音順、敬称略）

平成29年12月

「防衛技術ジャーナル」編集部

―陸上装備の最新技術―

目　次

第1章

戦闘車両技術

1. 戦闘車両技術概論

戦いの場に戦闘車両が登場したのはいつの頃からだろうか。古代エジプトや古代ギリシア時代において、数頭の馬にひかれた車から弓矢や槍で戦う戦闘馬車が用いられていたといわれており、機動力と攻撃力を備えた車両の出現は、紀元前数世紀まで遡ることができそうだ。しかしながら、本項においては、第1次世界大戦以降の戦闘車両について、その概論を記述することにしたい。

1.1 戦闘車両のさきがけ

最初の動力付装甲車両は、第1次世界大戦中の西暦1914年に開発された、英国のRolls Royce装甲車である。この車両は、乗用車のシャーシに装甲と武装を施したもので、エンジン、トランスミッション、懸架装置等の構成要素は、原型となった乗用車と共通する技術が多く使用されていた。他にも同様な装輪式の装甲車は第1次世界大戦中にいくつか開発され、かなりの成果があったようであるが、ぬかるんだ地形と塹壕戦で膠着していた西部戦線には十分に対応しきれなかった。

続いて登場したのが塹壕を乗り越え、整地化されていない土地（不整地）も走破して敵の防御陣地を突破するため履帯を装着した戦闘車両、いわゆる戦車であり、その先駆けとして1916年に英国がマークⅠ型戦車を実戦に投入した。

第1次世界大戦中を通して参戦していた多くの国々で同様な戦車が開発されが、そのほとんどが大型・重質量で運用に多くの乗員が必要であった。その中において、フランスのルノー社が開発したFT-17は、今では当たり前に思える360°旋回可能な回転砲塔を搭載し、操縦席やエンジンのレイアウトを変更し機動性も向上した、今日の戦車に通じる戦闘車両も開発された。

第1次世界大戦終了後も戦車の開発は続けられ、第2次世界大戦開始までの間は、比較的軽量で速力の出る戦車が開発されていたが、第2次世界大戦時には、各国において戦車の運用用途に応じた「軽戦車」「中戦車」「重戦車」や「歩兵戦車」「巡航戦車」「駆逐戦車」等の各種の戦車が本格的に開発されていった。基本的に戦車に求められる要素は「火力」「防護力」「機動力」の三つであり、戦車は用途に応じて三つの要素の重み付けに色々と違いがみられた。例えば、「軽戦車」や「巡航戦車」に部類される戦車は、「火力」や「防護力」よりも「機動力」に重み付けをして軽快な行動を可能にし、「重戦車」は「火力」「防護力」を重視することによって対戦車戦闘に備えたが、その分車両質量が増加して「機動力」が劣る傾向にあった。戦後は、現在に至るまで各国とも主に「火力」「防護力」「機動力」の三要素をバランス良く備え、対戦車戦闘はもちろんのこと市街地戦闘や歩兵支援等にも対応可能な汎用戦車「主力戦車（MBT: Main Battle Tank)」との概念で戦車開発を実施している。

1.2　戦闘車両の三要素

「火力」を決定するのは戦車に搭載する火砲の威力であり、砲の口径や砲身

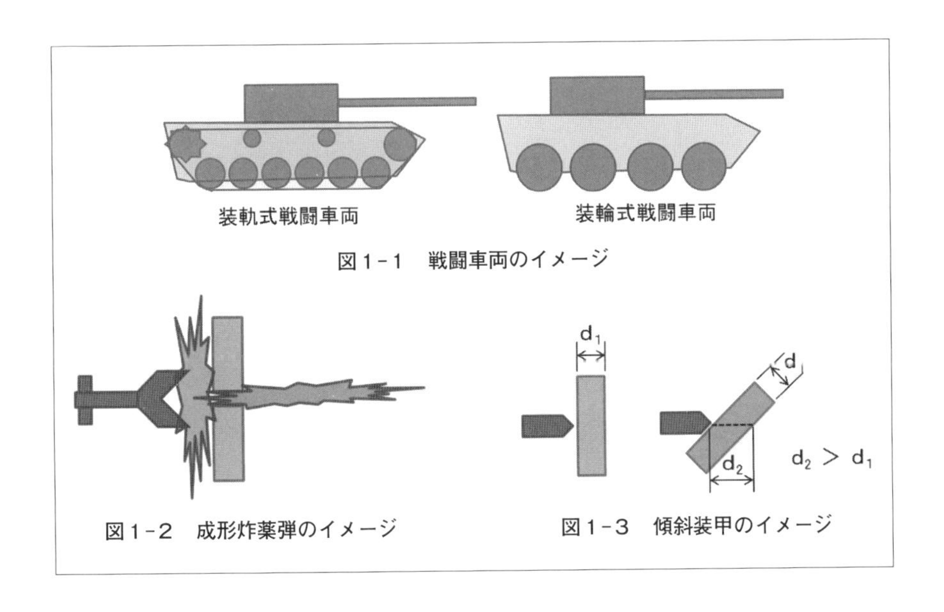

図1-1　戦闘車両のイメージ

図1-2　成形炸薬弾のイメージ

図1-3　傾斜装甲のイメージ

長を増すことや、砲弾に用いられる弾芯の改良や薬量の増加により、威力を増大させてきた。第１次世界大戦時から第２次世界大戦初期の頃までは、砲の口径は37mm程度が一般的であったが、第２次世界大戦末期には75mmや88mmの口径砲が一般的になり、また装甲目標には新たに成形炸薬弾が開発され、「火力」を増していった。戦後も冷戦期を通して戦車砲の大口径化は続き、西側諸国の戦車砲口径は90mmから105mm、120mmへと威力を増加してきている。火砲、弾薬の大型化に伴い、搭載する砲塔そのものも大型化することで、当然のことであるが戦車そのものの大型化、重量化の傾向にあり、口径の大型化や、弾薬の改良による「火力」の向上にも限界が予想される。さらなる「火力」の向上には、さらなる火砲の低反動化や軽量化なども必要になってくると考える。

二つ目の要素である「防護力」については、装甲材料の厚さ増加や材質の改良、車両形状や製造方法の変更等により、その能力向上を図ってきた。

戦車が初めて登場した第１次世界大戦時、戦車は主に敵の塹壕を突破するために小銃弾や機関銃弾に耐える装甲を有していれば良かった。第２次世界大戦に入ると前述したように、彼我ともに戦車砲の威力が次第に増加し、また戦車の撃破を目的とした火砲・弾薬（対戦車砲や成形炸薬弾等）が用いられるなどしたため、それに合わせて「防護力」も増加させる必要から装甲の厚みを増すようになった。戦車の出現当初は、せいぜい十数mm程度だった装甲の厚さは、第２次世界大戦末期になると主要部に100mm以上の厚さをもつ装甲を施した戦車も現れるなど、「防護力」の面からみても戦車の大型化、重量化が進んでいった。

また車両の製造方法についても、第２次世界大戦当初までは装甲板をリベットやボルトで接合して車体および砲塔を組み立てる方法が一般的であったが、被弾した時の接合部の脆弱性や破損したリベットによる車内での２次被害など問題が生じてきたため、大戦中盤以降では装甲板を溶接することで車両を組み立てる技術も現れた。ただし、溶接による組み立ては、手間とコストがかかるため、生産性の向上と後述する避弾経始の視点から砲塔を鋳造構造とすることもあった。

車両の大型化、重量化は、「機動力」を低下させ、また敵からの視認性が上がり攻撃されやすくなるなど不都合が出てくるため、装甲の厚みを増加させずに「防護力」を向上させる工夫が考えられた。主なものとして、装甲板を傾斜させることにより装甲の厚さを変えなくても見かけの装甲厚を増加させたり、着弾した弾を装甲板上で滑らせて侵徹させず跳ね返す避弾経始の考え方である。また砲塔部を鋳造化することでリベット接合や溶接構造では製造が困難な丸みを帯びた砲塔形状が可能となり避弾経始性を向上できる。この避弾経始の考え方は、戦後の戦車開発にも引き継がれており、第２世代と呼ばれているMBTの車体前面の装甲には60°前後の傾斜をもった装甲板の採用や、丸みをもった形状の鋳造砲塔が採用されていた。

しかしながら、第３世代以降の戦車では、戦車砲口径が120mm規模に大型化し、徹甲弾も工夫が凝らされ威力が増してくると、既存の方法では「防護力」の向上が図られない場面も現れたため、複合装甲やセラミックス装甲などの材質改良や付加装甲などにより、車両質量の増加を抑えつつ「防護力」を向上させる方策が取り入れられた。このような、装甲により敵の砲弾を受け止める直接防護方式では、車両の大きさや質量から限界があり、今後、威力を増した「火力」に対しては、アクティブ防護などの間接防護方式の採用も必要になってくるものと考える。

三つ目の要素である「機動力」に関係する構成要素には、エンジンや変速装置（トランスミッション）はもちろんのこと、操向装置（ステアリング装置）、

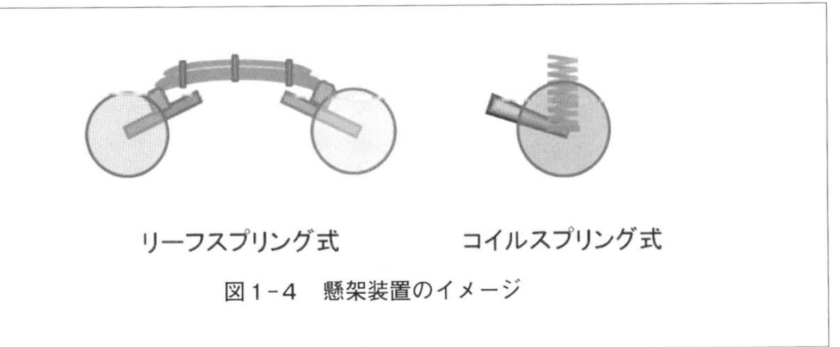

図１-４　懸架装置のイメージ

懸架装置（サスペンション)、履帯等の性能に支配される。

初期の戦車のエンジンは、既存の自動車用ガソリンエンジンを採用しており出力が十分ではなかったが、その後の戦車開発においては、航空機用ガソリンエンジンの採用､戦車専用のガソリンエンジンやディーゼルエンジンの開発等、開発する国によってそれぞれの方策を採用することになるが､現在においては、一部のガスタービン採用車両を除き、低燃費、低引火性などの観点からディーゼルエンジンを採用しており、当初、車両質量当たりのエンジン出力が数馬力／トンであったものが、第２次世界大戦末期には15馬力／トン程度に向上し、現在では約30馬力／トンまで向上している。操向装置についても、当初はトラクターと同様に、左右の履帯への動力伝達をクラッチ、ブレーキを使って調節し、方向を制御するものであったが、第２次世界大戦末期ごろから変速装置の自動化への進歩に伴って、履帯への動力分配も自動化が進み、現在では変速装置と操向装置が一体化した変速操向装置となり、オートマチックトランスミッションの乗用車と同じような感覚で操縦できるようになっている。

懸架装置も、最初は既存の貨車等のものを応用したものであり荒れた路面の震動を吸収するのには不十分であったが、第１次世界大戦後から第２次世界大戦時にかけては、戦車用に専用設計されたコイルスプリング式やリーフスプリング式懸架装置を採用し振動の低減が図られた。材料技術や加工技術が向上してくると、トーションバー式の懸架装置が導入されるようになり、構造が単純なこともあってその後の戦車でも広く採用されるようになった。

図1-5　トーションバー式懸架装置のイメージ

このように各コンポーネント技術が向上することによって、当初は時速10km程度の機動力であった戦車が、第２次世界大戦中盤以降では時速40から50kmの速度を出せるまでに向上し、現在では最高速度が時速70kmも可能になっている。

以上のように、当初は、敵の塹壕を突破することを目標としていた戦車が、「火力」「防護力」「機動力」を向上させることにより、幅広い作戦に対応することが可能になり、陸上戦闘には必要不可欠な装備になっている。

1.3　装輪式戦闘車両

また装輪式の戦闘車両についても、先にあげた1914年のRolls Royce装甲車の出現以降も、数々の車両が開発をされてきている。初期の装輪戦闘車両は、Rolls Royce装甲車と同様、既存の自動車に装甲を施し機銃用の砲塔を乗せたものであった。

第１次世界大戦後の装輪式戦闘車両も同様なものであり、「火力」は機銃程度、「防護力」も自動車をベースとしている制約から車両質量をあまり重くできないため、小銃弾に耐える装甲厚が限界であり、また「機動力」についても不整地路面や整地路面でも多少の障害物がある場合は制約を受けるものであった。しかしながら、障害のない整地路面における「機動性」は、非常に高いものがあり、市街地や飛行場等における警備活動には非常に有益な車両と考えられ、それらを必要としている国において装備されていた。

第２次世界大戦期においても、整地路面における装輪車両特有の高い「機動力」を活かした偵察、警戒車両としての必要性から、専用設計を行った装輪戦闘車両が実用化された。車体強度の向上、多軸駆動化、専用タイヤの装着等により、積載火砲の大型化による「火力」の向上、装甲厚を増した「防護力」の向上、市街地のような整地路面のみならず、多少の不整地や砂漠地帯にも対応できる「機動力」の向上が図られた。第２次世界大戦後も、偵察、警戒用途の装輪戦闘車両が開発されたが、兵員輸送のための装輪装甲車両に砲塔を積載して戦闘車両とするなどの派生車両化が図られるようにもなった。

装輪戦闘車両の「機動力」を構成する各コンポーネントは、装軌式の戦車と異なり、民間自動車技術を適用でき、自動車技術の飛躍的向上から車体部の技術レベルはかなり成熟してきている。車体の剛性向上や、懸架装置による制振性の向上等により、105mm程度の大口径火砲の搭載も可能になっている。

装輪戦闘車両も戦車と同様の「火力」「防護力」「機動力」の三要素のバランスで成り立っているが、戦車に比べて車体質量が軽いため、路上における「機動力」は圧倒的に優れているものの、「火力」「防護力」は限定的となる。従って、戦車のような大口径火砲を搭載していても、装輪戦闘車両を戦車と同一に見ることは困難である。

戦闘車両を装軌式戦闘車両と装輪式戦闘車両に区別して記述してきたが、それぞれの方式の戦闘車両においても、用途に応じて間接照準火器を搭載した自走砲車両や自走榴弾砲車両、戦闘員の輸送を行う兵員輸送車両、偵察任務のための偵察警戒車両、故障した車両を回収する戦車回収車や海岸に上陸するための水陸両用車等いくつもの戦闘車両が実用化されている。

一般的に大口径火砲搭載や重装甲化した大型・重量車両、不整地での機動性を重視した車両については装軌式が、車両の軽量化や堅硬路面での機動性を重視した車両については装輪式が採用される傾向であるが、先にも記述したように、装輪車両の技術向上により大口径火砲を搭載した装輪戦闘車両も登場してきている。「火力」「防護力」「機動力」の三要素についても、装軌式、装輪式での切り分けに加え、車両用途に応じたそれぞれの運用思想に基づいた重み付けが考慮された車両設計になっている。

2．車体技術

本項は戦車や装甲車などの戦闘に使用される車両（以下「戦闘車両」という）の「車体技術」について触れるものである。一般的に乗用車などでは「車体」とは「乗客や荷物を載せる部分」「車の外形全体」などを指すのである（手元の電子辞書のコンテンツ「デジタル大辞林」（小学館）によった）が、ここでは戦闘車両の各種装備〔砲塔などの武装、機関（エンジン）などの動力系機器、懸架装置、タイヤやキャタピラーなど〕が取り付けられる、いわば車両の骨格部分を「車体」として、主に構造について解説する。

懸架装置は本来なら車体とは別の項目とすべきだろうが、路面から車体への衝撃を和らげるなどの機能をもち、車体と関連性が高いことから本項で解説する。また動力を最終的に路面に伝える部分であるタイヤやキャタピラー（実はキャタピラーは登録商標であるため、以降は一般名詞である「履帯」を使用する。余談だが、「無限軌道」という趣ある名称も存在する）は動力系機器と関連して議論されることが少なく、前述の懸架装置とも密接に関連することから、やはり本項の解説に含める。

2.1　車体の構造

前述のとおり、車体は車両の骨格となる部分である。砲塔などの各種装備、懸架装置、タイヤや履帯が取り付けられ、乗員が乗り込み、動力系機器を内蔵しなければならない。さらに、近年はその他に搭載すべき機器（電子機器やNBC防護機器など）も増大している。そのため、一般に車体には以下の三点が要求される。

(1) 十分な強度および剛性があること

強度があるとは破壊されないだけの強さをもっていること、剛性があるとは外部から力がかかったとき、変形しないことである。車体は射撃時の反動や走行時の衝撃などで破壊されないことは当然だが、強度があっても剛性が低ければ、たとえば走行時に車体が撓んでしまって安定した旋回や直進ができないことが容易に想像できるだろう。

（2）車内空間が確保されていること

乗員のための空間、動力系機器などの搭載すべき機器を内蔵するための空間が確保されていなければならない。

（3）軽量であること

俊敏に機動するには、車両質量が小さいことが望ましい。さらに、装備品の場合は開発にあたって車両質量の上限が指定されるのが通常である。よって、車体も可能な限り軽量でなければならない。

以上は相反する要求であるが、これを満足するため、近代の戦闘車両ではモノコック構造（「張殻構造」ともいう）を使用することがほとんどである。モノコック構造とは、物体の外形を構成する面そのものに強度をもたせるという設計手法で、自然界の卵や貝殻などに範をとった構造であり、上記の三点のバランスをとりやすい。乗用車や航空機などでも一般化した構造である。特に戦闘車両の場合、耐弾性の要求から車体を強度や剛性に優れた防弾鋼板あるいは耐弾アルミニウム合金板を溶接して製作することがほとんどであり、モノコック構造を採用することは理に適っている。

なお、これまでモノコック構造と表現してきたが、本来の意味でのモノコック構造には開口部がない（卵が端的な例である）。開口部があると強度や剛性が低下するので、人工の構造物では内部に隔壁（内部空間を仕切る壁）やリブ（板部に直角に取り付ける部材）を設けて補強する。これは正確にはセミモノコック構造（「準張殻構造」ともいう）といい、戦闘車両もそうである。隔壁やリブを含んだ構造解析は複雑なものとなるが、コンピュータの発達に伴って有限要素法を代表とする数値解析の利用が年々容易になっており、それに合わせてより強く、内部空間が広く、それでいて軽い車体構造が登場するものと考えられる。

2.2　懸架装置

懸架装置は車体と後述のタイヤや履帯〔正確には履帯を介して車体を支える車輪（「転輪」という）である。**図1-9**を参照されたい〕との仲立ちをするものである。走行する路面からの衝撃を、あるいは射撃時の反動などの車体から路面への衝撃を和らげる機能（緩衝機能）をもつ。懸架装置により、走行時あるいは射撃時の衝撃が吸収され、車体姿勢も安定する。乗り心地も改善され、またタイヤなどが路面へ安定して接することも可能となる。いずれも凹凸の多い路面を走行し、射撃を行う戦闘車両には不可欠な機能であり、機動性能の確保には動力性能と同じく重要な因子である。**図1-6**に示すとおり、懸架装置はばね要素と減衰要素から構成される（物理学では「ばね・マス・ダンパ系」といわれる振動系である）。ばね要素がなければ衝撃を吸収できない。しかし、ばね要素だけでは一度衝撃を与えられると振動が続くため、懸架装置の動く速度に応じた抵抗を与え、振動の振幅を低減させる減衰要素も不可欠である。

大質量の戦闘車両、特に戦車などの装軌車両（履帯により走行する車両）の懸架装置は、大半がトーションバー（ねじりばね）懸架か油気圧懸架が使用されている（わが国の90式戦車のように、両者とも使用して「ハイブリッド懸架」と称する例もある）。トーションバー懸架は、**図1-7**に示すような構成のものである。トーションバーとは棒のねじれ方向の弾性を利用したばねで、ばね力が大きい、軽量で容積が小さい、構造が単純で保守が容易という長所と、車両底部に設置するため車高が高くなりがちであり、床部に脱出用ハッチも設けにくくなるという短所がある。

余談だが、トーションバーの製作には良質の鋼材を高度に熱処理（いわゆる「焼き入れ」「焼き鈍し」である）することが必須であり、先の大戦までの日本ではついに手が届かなかった技術であった。減衰要素としては、懸架装置の上

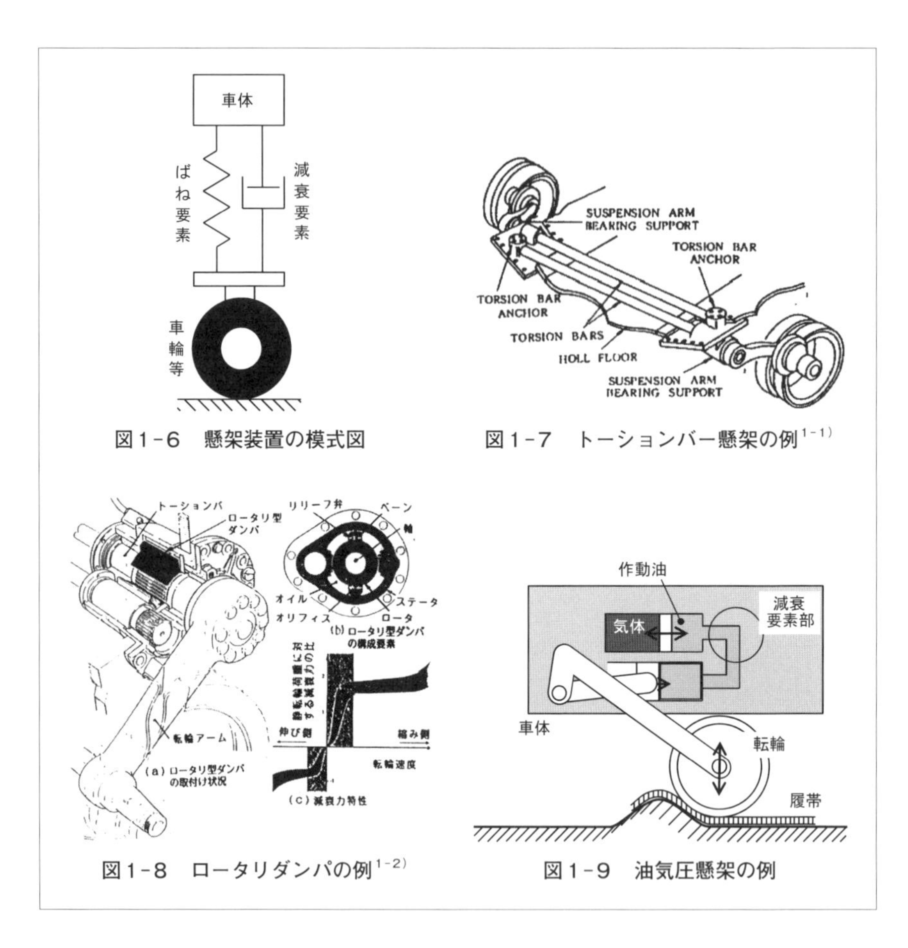

図1-6　懸架装置の模式図

図1-7　トーションバー懸架の例[1-1]

図1-8　ロータリダンパの例[1-2]

図1-9　油気圧懸架の例

下動に連動させて作動油を小径の流路（「オリフィス」という）に流すことで抵抗を与える、いわゆる油圧ダンパが通常使われる。油圧ダンパにも種々の形式があるが、トーションバーと同軸に設置できるロータリダンパが懸架装置の上下動幅（「行程」という）を確保しやすく、性能上有利である（**図1-8**）。

油気圧懸架は、ばね要素として気体ばね（密閉された気体の弾性を使用するばね）を使用する。図1-9に示すとおり、気体を圧縮・膨張させるのに作動油を使用するが、この作動油の流路にオリフィスを設けることで減衰要素とする。ユニットとしてコンパクトにまとめられることが長所であるが、構造は複雑であり相応の保守が必要となるのが短所である。なお装置中の油量を調節することで懸架装置の初期位置を変更することができ、わが国の戦車は、74式戦車以来最新の10式戦車まで、これを利用した姿勢制御機能を備えている。

懸架装置を制御することで、緩衝能力を増大させることも可能である。減衰要素のみ制御するものをセミアクティブ懸架、懸架装置を積極的に上下動させる制御をアクティブ懸架という（**図1-10**）。いずれも通常の懸架装置（「パッシブ懸架」という）に比べて明確に性能が向上するが、機構は複雑化する。たとえば、セミアクティブ懸架では減衰要素である油圧ダンパのオリフィス部分の流量を制御することになるが、そのために通常は電磁サーボバルブという機構が使われる。

これは精密機器であり、懸架装置に使用できる信頼性や性能を備えたものとなると通常の油圧ダンパよりはるかに高価なものとなる。よって費用対効果の面から採用がためらわれるのが現状であり、装輪車両（タイヤにより走行する車両）の極一部（モワク社（スイス）のピラーニャⅣなど）にセミアクティブ懸架の採用例がある程度である。一般化するには、セミアクティブ懸架やアクティブ懸架を安価に実現するための何らかの技術革新が必要だろう。

2.3　タイヤおよび履帯

タイヤは乗用車などで読者にも馴染みがあり、また自動車雑誌などでも多く触れられることから、本稿ではコンバットタイヤのみ取り上げる。コンバットタイヤとは、パンク時でもある程度の走行ができるタイヤである。戦闘車両では戦闘時の被弾などによるパンクが予想されるが、その場合でも最低で戦闘から離脱できるだけの走行が可能でなければならず、その要求に応えて近年一般化したタイヤである。タイヤの側面を強化するか、あるいはタイヤ中に子タイヤ（「中子」と呼ばれる）を設けることでパンク時でもタイヤが荷重を支えられるようになっている。戦闘車両向けのものではないが、中子式の新都市交通用タイヤを**図1-11**に示す。

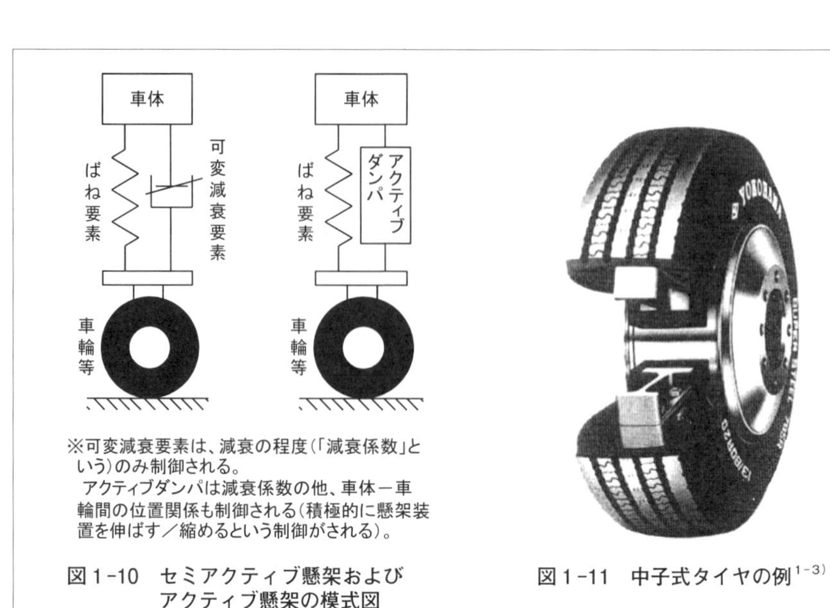

図1-10　セミアクティブ懸架およびアクティブ懸架の模式図

図1-11　中子式タイヤの例[1-3]

履帯は輪になった帯状の構造物で、歯車付きの車輪（「起動輪」という。「スプロケット」とも。現代の戦車では車体後方に配置されることが多い）により駆動される。履帯はタイヤに比べ大きな接地面積で車両質量を支えられる（タイヤは靴、履帯はスキーと考えればよい）ことから、不整地（特に軟弱な路面）での走行により適したものといえる。戦闘車両に限れば、現在では履帯は鋼製の小板（「履板」という）をピン結合で組み立てた構造が一般であり、その構造はシングルピン方式（一体型）とダブルピン方式（組立型）に大別される（**図1-12**）。シングルピン方式は部品点数が少なく軽量かつ安価であるが、ダブルピン方式は履板とピンの接触部分が長く、ピンにかかる履帯の力を分散できて耐久性に優れる。以上の特性から、シングルピン方式は兵員輸送車など比較的軽量の車両に、ダブルピン方式は戦車など大質量の車両に使用される傾向にある。

さて、金属製の履帯には質量が大きいという本質的な問題がある。戦闘車両の場合、一般に履帯質量は車両質量の約10%を占めるといわれているほどであ

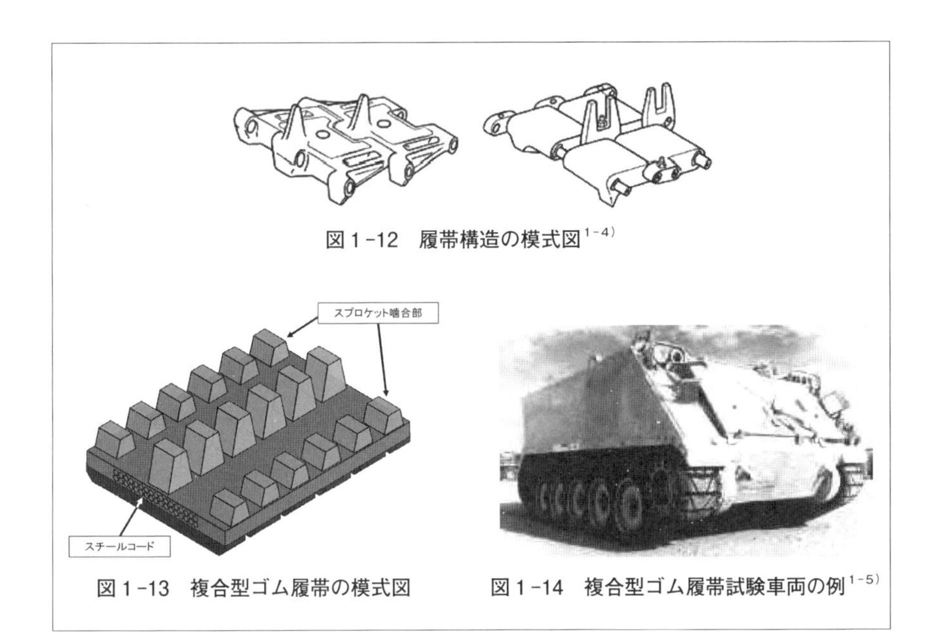

図 1 -12　履帯構造の模式図[1-4]

図 1 -13　複合型ゴム履帯の模式図

図 1 -14　複合型ゴム履帯試験車両の例[1-5]

る。履帯は回転する部分である。玩具のコマは軽いほど回しやすく、止めやすいことを考えると、履帯の軽量化が加減速性能の改善に直結することが容易に想像できるだろう。履帯の軽量化技術として注目されているのが、複合型ゴム履帯である。模式図を**図 1 -13**に示す。主な素材はゴムであるが、履帯の前後方向にかかる力をスチールコードに負担させることで強度を保つ構造であり、輪状に一体形成されることが通常である。建設機械ではすでに一般化しているが、戦闘車両では現在、ドイツやイギリスの一部の軽量な車両で実用化されているにとどまっている。

1999年に米陸軍で実走行試験が行われた際の試験車両を**図 1 -14**に示す。車両はM113兵員輸送車（質量約13t）であるが、金属製履帯に比べて約50％軽量化できた他、走行時の抵抗が最大で35％、騒音が車両全体で 6 dB、振動も約30％低減したという。走行時の抵抗の軽減は燃費を向上させる。騒音や振動の低減は乗り心地を改善し乗員の疲労を低減する。同時に、敵から見つかりにくくなり、攻撃を未然に防ぐ効果もある。こうした成果は、素材の大部分を占めるゴム自体に緩衝機能があり、またピン部でしか曲がらない金属製履帯と違ってしなやかに変形するという、複合型ゴム履帯の本質的な利点によるものと考えられる。このように軽量化以外にも利点の多い複合型ゴム履帯であるが、強度を主にスチールコードに頼る構造上、強度では金属製履帯におよばない面がある。大質量かつ高速走行する戦闘車両に適合させるためには、強度をいかに向上させるかが今後の課題であろう。

また車両への装着作業や切損事故への対応など補給整備性を考慮すると、金属履帯同様に分離／結合できることが望ましい。しかし、一体形成することで軽量化を果たしている（スチールコードを分断しないため強度面で有利であり、分離／結合のための金具類も省略できる）面もあり、分離／結合機能を実現するには、それに伴う履帯の質量増加や強度低下を最低限とすることが課題となるだろう。

3．車両用動力装置技術

21世紀を生きる私たちにとって、自動車は毎日の生活を営む上で欠かせない道具である。

日々の移動のための乗用車の運転、玄関先まで運ばれてくる宅配便のトラック輸送、はたまた娯楽としての自動車レースなど、自動車を目にしない日はない。防衛省においても、陸上装備車両の重要度は大きなものであり、大小さまざまな種類の車両が日々各地を走っている。各駐屯地などでのイベント、総合火力演習でその走る姿を目にされた方も多いだろう。車両には、当り前ではあるが、走るための動力を生み出し、その力を車輪などに伝え操縦するための、例えばエンジンやトランスミッションなどが必要であり、われわれはそれらを一般に「動力装置」と呼んでいる。

本項では、陸上装備車両の動力装置の概要として、さまざまな動力装置、動力装置に関する要素技術、近年、脚光を浴びている車両用のハイブリッド動力技術について紹介する。

3.1　さまざまな動力装置

陸上装備車両には、大きく分けて装輪式車両と装軌式車両がある。その違いについて知っている方も多いとは思うが、改めて簡単に説明すると、装輪とは車輪（タイヤ）で走る車で、私達が普段目にする大型のものであればバスやトラックなどがある。一方、装軌とは履帯（一般によく用いられる「キャタピラー」はキャタピラー社の登録商標である）で走る車で、ショベルカーやブルドーザーなどに付いているのを目にされるであろう。これらを走らせるための動力装置という観点からいうと、装輪式と装軌式車両では、特に旋回のための機構が一般的に異なる。これは、装輪式車両が車輪の角度を変えることで左右に曲がる（旋回する）のに対して、装軌式車両は左右にある履帯の角度は変えずに回転

表1-1　陸上装備車両用動力装置の比較

車　種			61式戦車	74式戦車	90式戦車	10式戦車
車両諸元		全備重量	約35t	約38t	約50t	約44t
		全長×全幅	8.19m×2.95m	9.42m×3.18m	9.75m×3.43m	9.42m×3.24m
		最高速度	45km/h	53km/h	70km/h	70km/h
動力装置	エンジン	型式	空冷4サイクル 直噴ディーゼル	空冷2サイクル 直噴ディーゼル	水冷2サイクル 直噴ディーゼル	水冷4サイクル 直噴ディーゼル
		過給方式	排気ターボ過給	機械駆動 排気ターボ過給	給気冷却器付 排気ターボ過給 ルーツブロア2段過給	給気冷却器付 可変ノズル付 排気ターボ過給
		出力	478kW/2,100min^{-1}	640kW/2,200min^{-1}	1,100kW/2,400min^{-1}	880kW/2,300min^{-1}
	変速機	型式	変速操向機 常時噛合歯車式	変速操向機 遊星歯車式	変速操向機 トルクコンバータ付 遊星歯車式	変速操向機 静油圧－機械式 (HMT)
		変速段	前進5速·後進1速	前進6速·後進1速	前進4速·後進2速	無段階変速
		変速操作	マニュアルシフト	パワーシフト	自動変速	自動変速

車　種			M1A2（米国）	レオパルド2（独国）	87式偵察警戒車	96式装輪装甲車
車両諸元		全備重量	約63t	約55t	約15t	約15t
		全長×全幅	9.83m×3.66m	9.67m×3.70m	5.99m×2.48m	6.84m×2.48m
		最高速度	68km/h	72km/h	100km/h	100km/h
動力装置	エンジン	型 式	熱交換器付2軸式 ガスタービン	水冷4サイクル 予燃ディーゼル	水冷4サイクル 直噴ディーゼル	水冷4サイクル 直噴ディーゼル
		過給方式	(低圧系：軸流5段 高圧系：軸流3段+ 遠心1段)	給気冷却器付 排気ターボ過給	－	給気冷却器付 排気ターボ過給
		出力	1,100kW/3,000min^{-1}	1,100kW/2,600min^{-1}	224kW/2,700min^{-1}	265kW/2,200min^{-1}
	変速機	型式	変速操向機 トルクコンバータ付 遊星歯車式	変速操向機 トルクコンバータ付 遊星歯車式	変速機 常時噛合歯車式	変速機 トルクコンバータ付 遊星歯車式
		変速段	前進4速·後進2速	前進4速·後進2速	前進6速·後進1速	前進6速·後進2速
		変速操作	自動変速	パワーシフト	マニュアルシフト	自動変速

速度だけを変えて曲がるためである。**表1-1**にさまざまな車両の動力装置の比較を示す[1-6), 1-7)]。

車両の動力装置は、エンジンとトランスミッション（ギヤチェンジ）、操舵装置（ステアリング）などからなる。ここでギヤチェンジ機構は、高回転するエンジンからの動力を、発進時で車両速度が遅い時などに、車輪を回転させて走行する力（トルク）に有効に変換するために必要な機構である。近年、AT（オートマチックトランスミッション）自動車限定の運転免許を取得する方が多くなってきているようだが、筆者の取得時はまだMT（マニュアルトランスミッション）自動車で運転免許を取るのが主流であった。MT車の運転を経験されたことがある方は特に、ギヤチェンジの重要性を体感されているはずである。

表1-2　走行抵抗係数（k値）の比較

	装軌式			装輪式		
	k_1	k_2	k_3	k_1	k_2	k_3
舗装路	0.015～0.02	0.00075	0.005	0.017	0	0.004
堅硬土（未舗装）	0.02～0.04	0.00075	0.005	0.025	0	0.004
砂地	0.1～0.2	－	0.005	0.2	0	0.004

装軌式車両では、前述のようにステアリング機構が装輪式車両と異なるため、ギヤチェンジ（変速）、ステアリング（操向）およびブレーキ機能を一体に収めた変速操向機と呼ぶ装置によって、エンジンの生み出す動力を、履帯を通じて走る力に変換している。エンジンについては陸上装備車両には主にディーゼルエンジンが搭載されており、装輪式と装軌式車両で基本的な違いはない。しかしながら、装軌式車両に要求されるエンジンの出力は、同程度の車両質量でも同じ車速を出そうとすると、装輪式車両に比べて大きな力が必要になる。これは走行抵抗や旋回抵抗（その場で360°ターンする超信地旋回も含む）と呼ばれる、車両が走ったり曲がったりする時に受ける抗力が装軌式車両の方が大きいために、動力装置がそれに打ち勝たなければいけないからである。例えば、車両が走るために打ち勝つべき走行抵抗R（N）は以下のような式で示される。

$$R=\{(k_1\cos\theta+k_2V+\sin\theta)W+k_3AV^2\}g$$

ここで、θ：勾配角度（rad）、V：車両速度（km/h）、W：車両質量（kg）、A：前面投影面積（m^3）、g：重力加速度（m/s^2）である。またk値（k_1、k_2、k_3）はそれぞれ、転動抵抗係数、衝動抵抗係数、空気抵抗係数と呼ばれ、**表1-2**のように装軌式車両では履帯に起因する抵抗を表すk_2が大きな値をとり[1-8]、かつ、陸上装備車両においては一般的にクロスカントリー性もデフォルトで要求されるため、路面状況によるk_1の変化も考慮する必要がある。また旋回抵抗の推定にはMerritt式などが広く知られており、装軌式車両が曲がるために打ち勝つべき旋回抵抗F（N）は以下のような式で示される。

$$F = K\mu Wg$$

ここで、K：修正係数、μ：粘着係数である。

3.2　車両用動力装置の要素技術

表1-1のように、陸上装備車両の動力装置はさまざまな形式があり、それら要素技術のうちディーゼルエンジンおよび変速操向機についてここで紹介する。なお装輪式車両のトランスミッションについては、主に民生品の活用がなされていることから本項においては紹介しない。またハイブリッド動力技術については次項で紹介する。

(1) ディーゼルエンジン

走行する力を生み出すエンジンは、小型で強力であることが理想である。そのため、できるだけ小さな質量と容積で、効率的に大きな動力を生み出すための技術が発展してきた。現在、陸上装備車両に主に搭載されているエンジンはディーゼルエンジンであるが、第2次世界大戦頃は世界的にみるとガソリンエンジンの車両も数多くあった。自動車産業が発達している国ではその生産技術を活用することが容易であったという側面もあったであろう。ディーゼルエンジンは、ガソリンエンジンと比較して効率が良く、丈夫に作られているという特性がある。また燃料としてガソリンよりも引火しにくい軽油を使用することで車両の安全性も高められるという利点から、今では陸上装備車両用のエンジンとして広く採用されている。ガソリンエンジンがシリンダーに吸入して圧縮した空気と燃料の混合気に点火プラグで火を付けるのに対し、ディーゼルエンジンはシリンダーに吸入して圧縮した空気に吹き付けた燃料が自ら着火する方式である。ディーゼルエンジンは、ドイツ人ルドルフ・ディーゼルによって発明され、発明当時はピーナツ油で動いた[1-9]ことが知られているが、環境問題に対する意識の高まりから近年、バイオディーゼル燃料などの植物由来の代替燃料が大きな注目を集めているのは、ある意味、先祖還りをしている感をもつのは筆者だけではないだろう。

エンジンの出力を上げるための技術の一つとしては過給がある。これはシリンダーに吸入する空気の量を増やすという思想に基づいている。エンジンが実際に出す出力をNe（kW）とすると、簡略化すると以下のような式で示される。

$$N_e \propto \frac{p_e C_m}{L\alpha}$$
$$p_e \propto \eta_v \rho$$

ここで、P_e：正味平均有効圧（MPa）、C_m：平均ピストン速度（m/s）、L：行程長（m）、α：係数（２サイクルの場合は１、４サイクルの場合は２）、ηv：体積効率、ρ：吸入空気密度（kg/m^3）である[1-10]。この式から分かるように、Neを上げるためには吸入する空気の密度を高めることが一つの方法であり、そのためには空気の圧力を上げ、温度を下げることが有効である。さまざまな他の要素が絡み合うためそう単純なものではないが、上式で吸入空気の密度が２倍になれば出力も約２倍になるのだから、有効な手段であることが分かっていただけるであろう。これを実現する装置としては、機械式過給機（いわゆるスーパーチャージャー）やターボ過給機(いわゆるターボチャージャー)がある（**図１-15**)。ガソリンエンジンに関する話題として、ホンダがF1に復帰するという発表があったが、1980年代終わりにF1のレギュレーションから外れた過給機エンジンも2014年から復活したようである。過給機はシリンダーに燃料を直接噴射するエンジン(直噴エンジン)と相性が良く、自動車用直噴ガソリンエンジンが近年市場に広まったこ

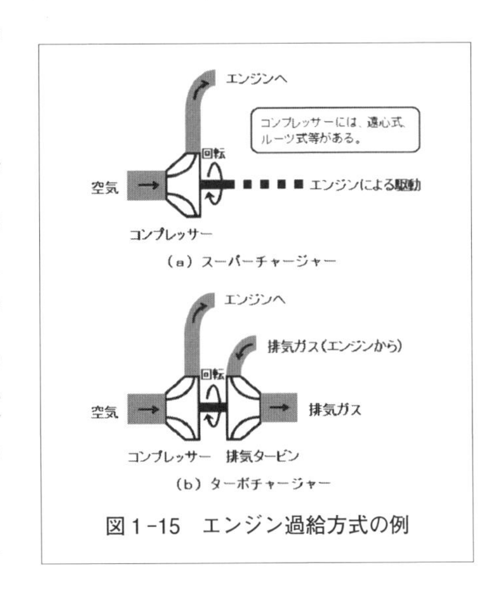

図１-15　エンジン過給方式の例

とや、燃費向上等を目指したエンジンのコンパクト化の方向性とも相まって、再び乗用車エンジンへの搭載例を目にすることが多くなってきた。ディーゼルエンジンではその原理上、直噴式が早い段階から使われており、過給機による性能向上が長年追求されてきた。

61式戦車の空冷4サイクルディーゼルエンジンで採用されているのは排気ターボ過給という方式である。排気ターボ過給方式は、シリンダーから出てくる排気ガスのエネルギーで排気タービンと呼ばれる羽根車を回転させ、タービンと軸で繋がっているコンプレッサーによって吸入する空気の圧力を高める方式である。74式戦車の空冷2サイクルディーゼルエンジンには、機械駆動排気

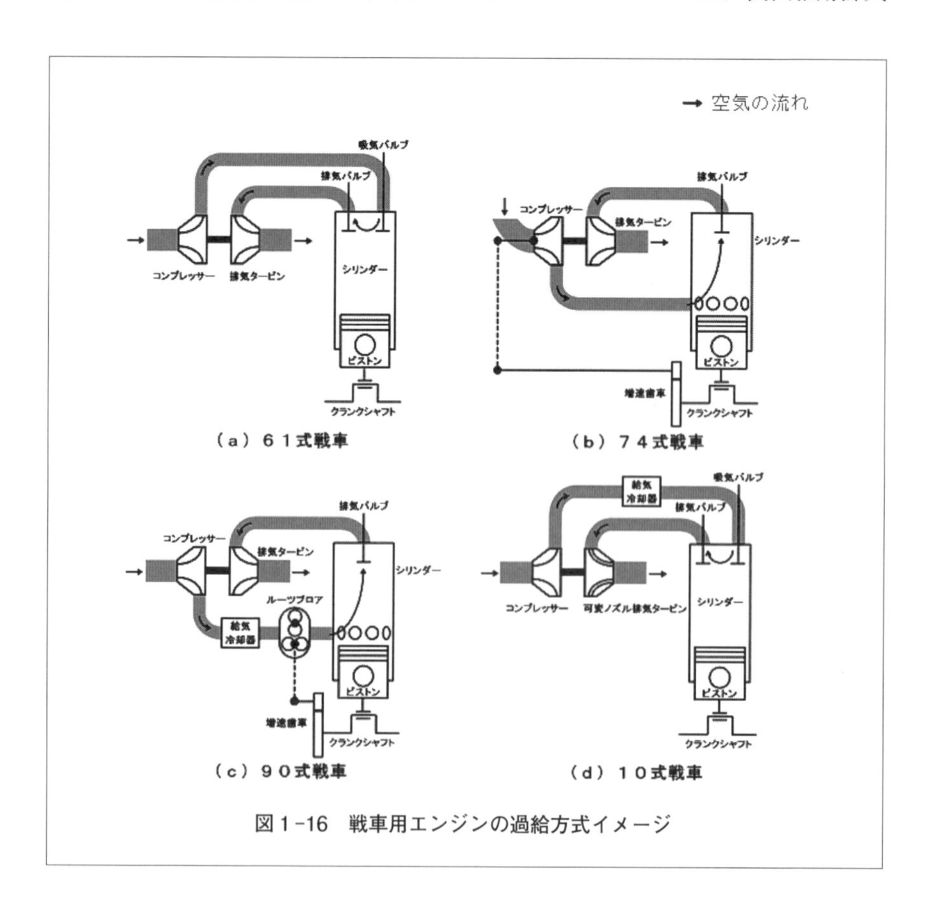

図1-16　戦車用エンジンの過給方式イメージ

ターボ過給方式が採用さている。ここで2サイクル(ストロークとも呼ばれる)と4サイクルという違いが出てきたが、一般的に2サイクルの方が同じエンジン回転数に対して大きな動力が得られる一方、4サイクルエンジンの方が燃料消費量を少なくできるなど、それぞれの長短所がある。最近では排出ガス規制の関係から、2サイクルエンジンを使用する機会は減ってきているようである。当時の2サイクルエンジンではルーツ形送風機を取りつけているのが一般的であったが、74式戦車においては全体のコンパクト化のためにルーツ形送風機ではなく、排気ターボ過給機をクランク軸と機械的に繋げる方式を採用した。90式戦車のエンジンは水冷2サイクルディーゼルエンジンであるが、過給方式は排気ターボ過給機ルーツブロア2段過給式を採用し、圧力が上がることで温度も上がってしまう吸入空気を冷却するための給気冷却器も取り付けている。10式戦車には水冷4サイクルディーゼルエンジンが搭載されているが、給気冷却器付排気ターボ過給方式を採用し、なおかつタービンのノズルを可変にすることで、エンジンの応答性や最高出力点以外の部分でのエンジン性能をより高めている。これらの過給方式イメージの比較を**図1-16**に示す[1-7), 1-11)~1-13)]。

(2) 変速操向機

防衛省の陸上装備車両における変速操向機技術の発展は、乗用車やバスなどと同じように、走る、曲がる、止まるという動作をより効率的かつ滑らかにするということに着目して進められてきた。例えば戦車用の変速操向機の変速段(前進時)は61式戦車においては歯車式のマニュアル5速であったものが、最新の10式戦車においては静油圧-機械式(Hydro-Mechanical Transmission: HMT)の電子制御式無段階自動となっている。ステアリングは61式戦車においては曲がりたい側の履帯に強制的にブレーキを効かせる平歯車二重差動式という方式に分類され、一定の旋回半径でしか曲がれなかったが、10式戦車ではHMTで左右の履帯の回転速度を無段階に変えて滑らかに曲がる機構になっている。これらの技術の変遷および詳細並びに10式戦車の機動系試験についてはすでに、防衛技術ジャーナル(平成24年3月号)において「戦車の変速操向機

(61式～10式戦車の変速と旋回のしくみ)」[1-6] や「10式戦車の技術試験」[1-14] で紹介されているので、興味のある方はご一読頂きたい。陸上装備車両は概して重く、変速操向機が扱う動力も大きなものになる。そのため、大きな力が掛っても壊れない信頼性や耐久性を確保することも重要な技術である。

主要国戦車の変速操向機に関する技術はわが国よりも先行してきたため、その変遷を追うようにわが国の技術も発展してきた。しかしながら10式戦車においては、陸上装備研究所における研究試作を通じた技術的蓄積を足掛かりとして、操向機能だけでなくより大きな動力を制御する必要のある変速機能にもHMTを採用できたことで、一歩進んだ機動力を身にまとっているといえるのではないだろうか。

3.3　ハイブリッド動力技術

ハイブリッド自動車というと、真っ先に思い出されるのはトヨタのプリウスであろう。プリウスは1997年に量産用ハイブリッド乗用車として世界に先駆けて販売が開始されたが、現在では国内外自動車メーカーが電気自動車、ハイブリッド車、プラグインハイブリッド車、と数多くのモデルを続々と発売しており、話題に事欠かない技術分野である。ハイブリッド車は用語として日本工業規格（Japan Industrial Standard: JIS）に「電気自動車としてのトラクションシステムに加え、他に少なくとも一種類以上の走行用としての車載エネルギー源をもつ自動車」と定められている。つまりハイブリッド車は車を走らせるためにモーターを使う電気自動車が基本形である。電気自動車は最近出てきた技術と思われがちであるが、ガソリン自動車と同じように約100年前から実用化されており、日本においても1940年代には販売されている[1-15]。また電気自動車とガソリン自動車を足したハイブリッド車も1910年代には世界で登場していたようである。

陸上車両用としては、最初の戦車である英国Mk 1が登場してすぐに仏国サン・シャモン戦車が、1940年代には独国エレファント戦車が電気駆動システム

出典: http://en.wikipedia.org/wiki/File:St._Chamond.jpg

(a)仏国サン・シャモン戦車

著作者: Scott Dunham, 23 April 2009
http://en.wikipedia.org/wiki/File:Elefant_USAOM-01.jpg

(b)独国エレファント戦車

図1-17　初期の電気駆動式陸上装備車両の例

を採用した[1-16]（**図1-17**）。これらの電気駆動システムはモーターで走行するものであったが、これはトランスミッションを介さずに無段階変速でき、左右の履帯を独立して動かせるというモーターの特性を活用しようとした画期的なシステムであった。しかしながら、その性能や信頼性、生産性などの点で課題があったようである。

モーターの特性として、回転速度が低い時から、最大のトルクが発生できるという点がある。これは、エンジンで発生する動力をトランスミッションで回転速度を落として高いトルクに変換するという機構が必要ないということであり、質量の大きな陸上装備車両にはうってつけの特性である。**図1-18**にモーターのトルク特性を示す。前述したHMT変速機も無段階変速を実現しているが、そのために油圧ポンプ・モーターと遊星歯車を組み合わせた機構を要している。モーターの方にも、車両を走行させるための出力を確保するために大型化してしまう点など解決しなければならない課題はあるが、機構を簡素化できるという利点は大きい。

陸上装備研究所においては、平成９年から12年度に、陸上装備車両用としては国内で初めての電気駆動システムの研究試作および試験「戦闘車両用電気駆動システム（その１）」を行った[1-17]。この研究では、エンジン、発電機、電力変換装置および電動機で構成される、いわゆるディーゼルエレクトリック方式のシステムを試作して、質量約13tの装軌式車両の発進や加速性能などの評価を台上試験により実施した。平成14～17年度には、蓄電装置を上記電気駆動システムに追加した形であるシリーズハイブリッド方式の台上システムを用いた研究試作および試験「戦闘車両用電気駆動システム（その２）」を実施し、特に、蓄電装置および試作した永久磁石同期式モーターを適用した場合の最高速度や旋回性能、登坂性能などの評価を実施した[1-18]（**図１-19**）。シリーズハイブリッド方式は、エンジン＋発電機と蓄電装置の２系統からモーターに電力を供給できるものであるが、エンジンの動力を一旦電気に変換して使用するため、効率が一番良い所だけを使ってエンジンを運転すれば燃料消費量の低減が期待できる。他にも、エンジン＋発電機、電力変換装置、モーターや蓄電装置が電力ケーブルで繋がるため、個々の機器の配置の自由度が比較的大きくなることが期待される。

ハイブリッド方式には他にも、パラレルハイブリッド方式などがある。パラレルハイブリッド方式は、車を駆動する力がモーターとエンジン両方同時または片方ずつから得られる方式と定義づけられている。陸上装備研究所ではパラレルハイブリッド方式についても平成17から20年度にかけて研究試作および試験「車両用発電装置」を行った[1-19]。本研究では装軌式車両用ディーゼルエンジンへの取り付けを想定したフライホイール型発電機／モーターを試作し、試験によってその性能を評価している（**図１-20**）。

陸上装備車両にハイブリッド方式の動力装置を適用した場合、燃料消費率の低減はさることながら、蓄電装置だけで静かに走ることができるなど、機械式駆動車両と比べて有利な点が上げられる。さらに、将来ますます増加する車両搭載電子機器の電力需要への柔軟な対応にもハイブリッド電気駆動動力装置は有効であろう。そのため、国外においても陸上装備車両用のハイブリッド電気駆動装置の研究開発は精力的に進められてきたが、現在までのところ、いずれもデモンストレーター止まりである。現在も研究開発が進められている計画としては、南アフリカ共和国のArmaments Corporation of South Africa SOC Ltd（ARMSCOR）によるRooikat装輪式車両のハイブリッド電気駆動版がある[1-20]。これは車輪の中にモーターを搭載するインホイールモーターを採用していることが特徴で、Africa Aerospace & Defenseで展示走行が実施されている。また米国においては陸軍のGround Combat Vehicle（GCV）計画に、BAE Systems社がTraction Drive System（TDS）と呼ぶハイブリッド電気駆動システムを搭載する車両を提案しているが、これはQinetiQ社の開発したE-X-Drive™（Electric Drive Propulsion for Tracked Vehicles）がベースとなっているようである[1-21]。

ハイブリッド電気駆動装置を車載する場合、当該装置が車両に収まったとしても、他に人や物が載せられません、となってはいけないので、ハイブリッド化にも機器の小型化という課題がつきまとう。特にインバーター、コンバーターといった電力変換装置は、大電力を

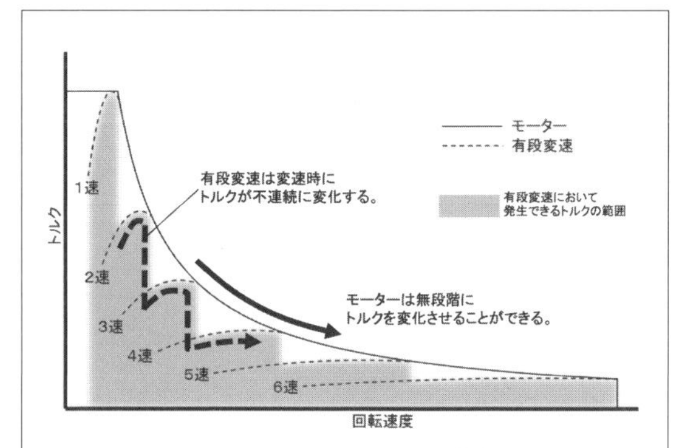

図1-18　モーターのトルク特性概要

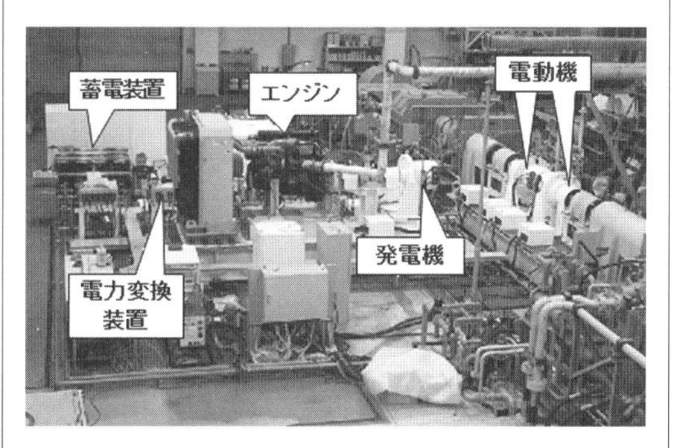

図1-19　戦闘車両用電気駆動システム（その2）の概要

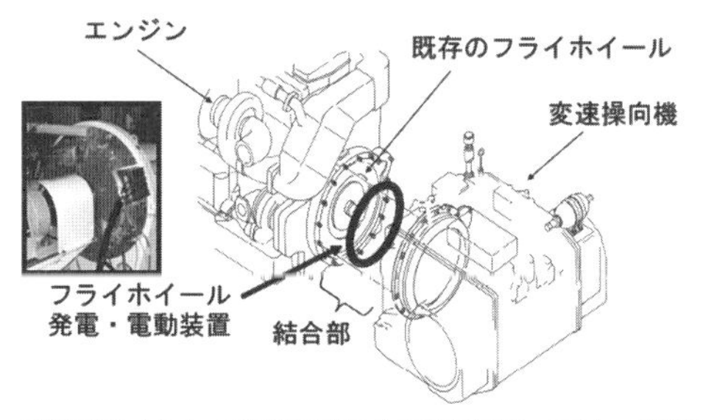

既存のフライホイールに磁石を埋め込み電動機のロータとし、外周位置にステータを配置することで扁平な電動機を形成する。

図1-20　フライホイール発電・電動装置と搭載イメージ

扱うとその損失や大型化が問題になってしまう。また電力変換装置、モーター、蓄電池や制御用の電子機器から発生する熱を冷却装置でいかに取り除くかも課題である。

陸上装備研究所においては、ハイブリッド動力システムの研究を平成23年度から実施した。本研究は、シリーズハイブリッド電気駆動装置を搭載した質量約13tの装軌式車両を研究試作して実際の走行試験を行うもので、平成28年度までに当該電気駆動装置の車載時の性能評価データを取得した（**図1-21**）。

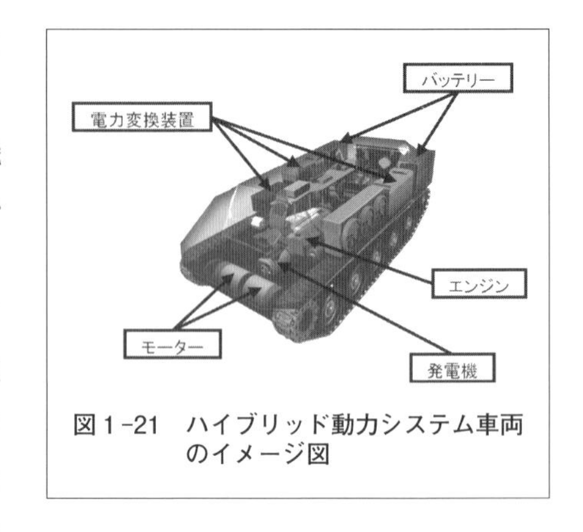

図1-21　ハイブリッド動力システム車両のイメージ図

4. ベトロニクス技術

4.1 「ベトロニクス」とは何か

「ベトロニクス」(Vetronics) という言葉は“Vehicle”(車両) と“Electronics”(電子工学) から成る合成語であり、車両搭載の電子機器に関する技術全般を指す用語である(「車両電子工学」と訳される)。この語感から「アビオニクス:Avionics(「航空電子工学」と訳される)」を連想される方も多いと思うが、実際にアビオニクスの車両版として使用される用語である。この用語が登場した時期は不明である。手元にある資料類でベトロニクスに言及した最も古いものは1991年のものなので、恐らくこの頃には英語圏の一部では使用されていた用語と推測される。

もっともそれからすでに20年以上経過した現在でもベトロニクスは未だマイナーな用語のままで、主に戦闘車両関係でのみ使用されているようだ。民生車両(特に乗用車等)でも今や電子機器の搭載は常識化しているが、この分野は「カーエレクトロニクス」と総称され、ベトロニクスが用語として取って代わることは当分なさそうである。アビオニクスが軍、民生を問わず使用される一般名詞となった(その証拠に、英和辞典には通常Avionicsの項がある)のに比べると寂しいものがある。

さて、現在ベトロニクスが取り扱う分野は主に通信、航法および火器管制(FCS:Fire Control System) である。なおアビオニクスでは主に通信および航法を取り扱い、FCSは独立した技術として取り扱われる。航空機では先に通信と航法が電子化(二大戦間の民生航空機の発達に伴い、無線機と電波利用の航法機器が常識化している) され、火器管制の電子化(戦闘機用のジャイロを利用した自動見越し角計算照準器を嚆矢(こうし)とする) が第二次世界大戦末からとやや遅れたことに対し、戦闘車両の電子化は第二次世界大戦後FCSも含める形で急速に発展したという歴史が反映されているらしい。

このように、ベトロニクスではアビオニクスより幅広い技術分野を取り扱う上、それぞれの分野もまた膨大な技術的背景をもつ。そのため、本項では現在のベトロニクスシステムの基盤となる車載ネットワークおよび電子化が進んで初めて可能となった乗員支援という概念に絞って解説する。

4.2　車載ネットワーク技術

車両に搭載される電子機器が増加し、多数の機器がシステムを構成するようになると、何が問題になるだろうか。この種の問題で初歩的ではあるが、それでいて相当切実なのが各機器をどうやって接続するかという問題である。少々極端な例ではあるが、各機器はすべて独立した配線で接続されると仮定する。このとき、必要とされる配線数はどれくらいになるだろうか。数学としては順列組合せの初歩的な問題で、n個の機器からなるシステムではn×(n－1)/2本となる。

図1-22に機器数5の場合の模式図を示す。五角形にいわゆる五芒星が組み合わさった形となり、配線数は5×(5－1)/2=10（本）とすでに二桁の数が必要となる。式の形から分かるように、先の仮定のもとでは機器nの状態から機器が一つ増えると、必要な配線数はn本増加する。システムを構成する機器がある程度になると、一つ機器が増加しただけで配線数はとんでもない勢いで増加していく。一本一本の配線など細いものだし、などと高を括っているとちりも積もればなんとやらで、車内空間に占める配線の量が馬鹿にできないものになる。配線には大抵銅系統の合金が使用されるが、銅は決して軽い金属ではない（鉄の比重約8に対し銅は約9）ことを考えると、質量面でも無視できない事態となる。

さらに、配線を実際にどう引き回すかといった設計と生産両面にわたる問題も抱え込むことになる。このように機器の接続という初歩的な問題でありながら、無策でいるとそのために結構な空間、質量および設計と生産の手間が必要

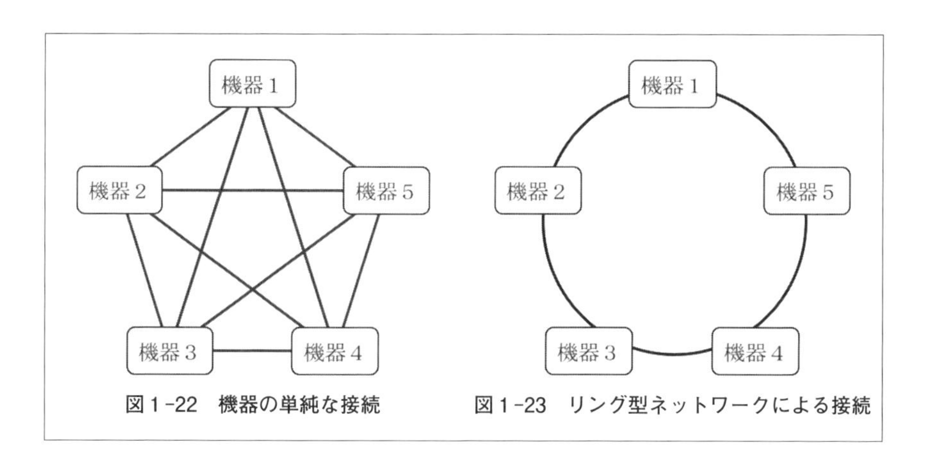

図1-22　機器の単純な接続　　図1-23　リング型ネットワークによる接続

になるというのが、「初歩的ながら切実」と表現した所以である。

この問題について、解決策となるのが車載ネットワークという概念である。1970年代初頭に民生用のマイクロプロセッサー（Intel4004等）が登場した〔登場の背景には当時の電卓戦争がある。興味をもたれた方は著作権フリーの作品を公開しているHP「青空文庫」収録の、「パソコン創世記」（富田倫生）[1-22] を一読されることを勧める〕ことをきっかけに電子機器のデジタル化が進み、各機器間を電圧や電流といったアナログな信号ではなく、デジタル信号による通信で接続することが常識となったことが背景にある。

デジタル通信ネットワークでは同一の信号線により複数機器間で情報を通信することが可能（原理についてはネットワーク上の情報なり、多数出版されている解説書なりを参照されたい）であり、必要な配線量は劇的に減少する。**図1-23**に、機器数5のシステムをリング型ネットワークにより構成した場合の模式図を示す。どれほど配線が減少するかは解説するまでもないだろう。

車載ネットワークを使用する別の利点として、機器の増設・削減が容易であることが挙げられる。車載ネットワークにおける機器の増設（削減）は、ネットワークに機器を接続する（切り離す）だけという、デジタル通信ネットワークを使用しているがための強みである。乗用車を例にとると、根幹となるネットワークさえ設計してしまえば、あとはネットワークに接続する機器の種類が

表1-3　代表的な車載ネットワーク規格

区分	名　称	用　途
安全系	ASRB（Automotive Safety Restraints Bus）	エアバッグ制御等
	DSI（Distributed System Interface）	
情報系	IDB-1394（IEEE 1394ベース）	動画、音楽等
	MOST（Media Oriented System Transport）	
制御系	CAN（Controller Area Network）	各種制御
	FlexRay	X-by-Wire

変わるだけで大衆車から高級車まで簡単に対応できることとなる。設計管理や生産管理を行った経験のある方ならこれでどれほど手間とコストを削減できるかが想像できることと思う。戦闘車両においても新たな機器を追加する際に同様なことがいえるわけであり、車載ネットワークを多用すればレトロフィットによる装備品寿命の延長などが容易に行えるようになるだろう。

車載ネットワークの採用は電装品の数が増加する一方の民生自動車業界（大衆車の標準グレードでもパワーウィンドウ、集中ドアロックやオートエアコンが当たり前になる等､20年前は想像さえできなかっただろう）で先行しており、**表1-3**に示すような車載ネットワークの規格が登場している。通常､車載ネットワークはすべての機器を一つの車載ネットワークにより接続するということはせず、機器に要求される通信速度や容量と信頼性に応じて複数の車載ネットワークを用意する。表1-3でいえば、情報系と分類される規格は動画や音楽等のエンターテイメントが中心の情報を取り扱っており、高速・大容量であるが信頼性はさほど高くないのに対し、安全系と分類される規格はエアバッグ等の乗員の安全に直接関わる機器類のためのものであり、容量は小さいが高い通信速度と非常に高い信頼性を確保している。

制御系はエンジン機器等を制御する機器のためのものであり、必要な容量を確保した上で、通信速度および信頼性ともに高いものが要求さ

図1-24　Light Engineering Tractor for British Army "TERRIER"[1-23]

れる。これらの規格のうちCANが軍用として転用が進んでおり、MilCANという上位規格が登場している。**図1-24**および**図1-25**に、実際にMilCANが使用された正式装備品の例として、英陸軍の軽工作車両TERRIERを示す。こうした車載ネットワークの採用は軍用車両でもトレンドになっていくものと思われる。

図1-25　"TERRIER"でのMilCAN使用状況[1-23)]

4.3　乗員支援技術

長らく、機械はオペレータの操作どおりに動作するものであった。車両であれば、エンジンのスロットルはアクセル操作量のとおりにしか開かず、ブレーキはブレーキペダルを踏んだとおりに効き、前輪はハンドルを回したとおりに操舵されるのが常識だった。どこまで車両の性能を引き出せるかはコントローラである運転手次第であって、たとえばスリップするかどうかぎりぎりの走行条件を強いられるような場合、下手な運転手ではすぐに運転が破綻する、あるいは熟練した運転手でも疲労等で適切な操作ができないときにはやはり事故を起こしてしまう、といったことが常識だった。

前述のとおり、車載機器の電子化が進んだことでこの常識が大きく変わることになった。正確には、車両の状況を計測するためのセンサ類の搭載が可能となったこと、（車載ネットワークでも述べたが）マイクロプロセッサーの導入が進んで、センサ情報をもとに車両状態を推定し人間の操作を補正できるだけの演算能力を実装することが可能となったことによる。こうしたシステムで恐

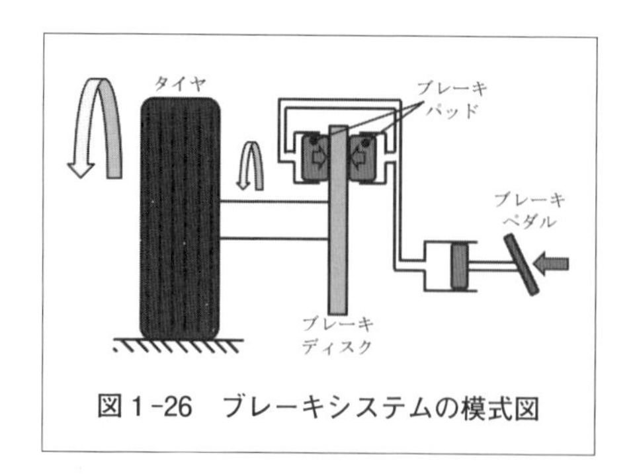

図1-26　ブレーキシステムの模式図

らく最も普及している例として、ブレーキに関するABS（Antilock Brake System）を挙げる。

ブレーキシステムの模式図を**図1-26**に示す。図1-26ではディスクブレーキを例としているが、ブレーキペダルが踏まれてタイヤと直結しているブレーキディスクがブレーキパッドに挟まれると、タイヤの回転速度が落ちて制動力が生じる。このとき、路面とタイヤの接地面は相対的には微妙に滑っている。車両の速度から導かれる理論的なタイヤの回転速度（路面とタイヤの接地面間の滑りはないと仮定する）と、実際のタイヤの回転速度との比をスリップ比というが、これが適切な値だと大きな制動力が得られるが、ブレーキペダルを強く踏みすぎるなどしてタイヤの回転速度を落としすぎ、スリップ比が極端に大きくなるといわゆるタイヤが滑った状態になる（ロック状態）。このとき路面とタイヤ接地面間の摩擦係数が極端に低下し、制動力が望めなくなる。また車両の運動はタイヤに働く摩擦力によって生じる。そのため摩擦係数が極端に低下すると、たとえば操舵を行っても（ハンドルを切っても）車両は旋回せずにそのまま滑っていくことになる。この状態から復帰するには一時的にブレーキペダルを緩め、タイヤの回転速度を上げることでスリップ比を改善するしかない。しかし、大抵の運転手はこのような状況に陥るとパニック状態となってブレーキペダルをそのまま、あるいは逆に最大まで踏み込むことが多く（通常の運転手にとってはこのような状態はほとんど経験したことがなく、そのためパニック状態では「ブレーキを踏む」＝「車両は減速するはず」以外の判断ができなくなるためだろう）、運が悪ければ重大な事故を起こすことになる。

これを避けるために開発されたのがABSである。ABSはタイヤの回転速度を計測するセンサおよびブレーキの操作ライン（大抵は油圧である）をブレーキペダルとは独立に制御するアクチュエータと制御装置からなるシステムである。

模式図を図 1 -27に示す。制御の基本は、タイヤの回転速度のセンサから減速度を算出し、ある基準を超えた場合（急激にスリップ比が増大していると判断できる）に、アクチュエータを操作して一時的にブレーキを解除するという単純なものだが、これによりタイヤがロックした状態を未然に回避することができる。まさに人間の操作を補正するシステムであり、運転手の操作ミス等を回避する、あるいは補うことで運転操作に伴うストレス等を和らげることが可能である。これがABS等の乗員支援技術の利点であり、過酷な環境（ABSならば滑りやすい路面等）であっても人間の操作を支援し、操作に関連するストレス等を緩和することで、運転操作以外に要求される高度な判断（乗用車の運転であれば車の流れや路上の死角等の認識による危険予知等）へより多くの注意力や思考力を向けることが可能となる。

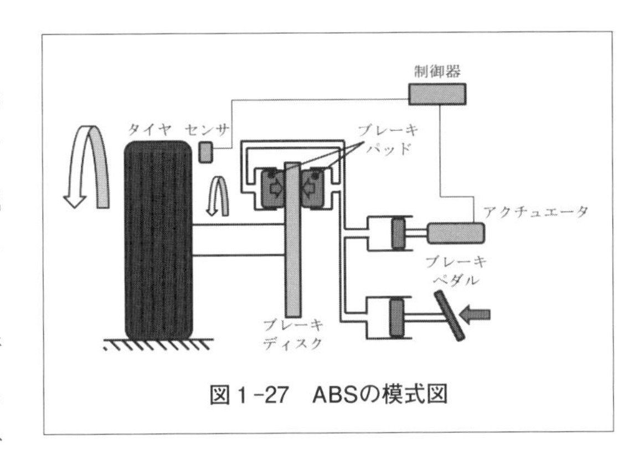

図 1 -27　ABSの模式図

乗員支援技術についても車載ネットワーク同様、民生自動車業界が先行している。ABSをさらに発展させ、旋回中にスピンに陥らない等の車両安定性まで支援する技術はすでに一般化している〔トヨタのVSC（Vehicle Stability Control）[1-24] 等〕。車両にカメラを備え、画像認識を使用して乗員支援を行う技術も実用化例がある。現時点で最も一般化しているのは富士重工のアイサイト[1-25]であろう。これはステレオカメラにより前方の車両や歩行者等を認識し、歩行者等の飛び出しや前方車両への追突等については自動的に制動を、また車間距離の認識が行えることから高速道路等の自動車専用道路で前方車両追随型のクルーズコントロールを行えるシステムとなっている。

さて従来の車両は人間の操作系（ハンドル、アクセルペダル、ブレーキペダル、シフトレバー等）を物理的（機械軸や油圧等）に操作する対象（前輪の舵取り機構、パッドのブレーキディスクへの押し付け機構、スロットルの開閉機構等）に結合することが常識であった。しかし、車両の電子化が進むにつれ、操作系は操作量を検出するセンサとし、その操作量に応じて操作対象を動作させるアクチュエータを電子的に制御するという概念が検討されるようになった。

このような概念をX-by-Wireと呼ぶ。この概念を用いれば、操作入力は運転手がイメージする車両の動作の指示であると捉え、車両の状態等に応じて各操作対象を制御器のもとでアクチュエータが最適に操作するという、運転に関する乗員支援技術の一つの理想型を実現することが可能である。X-by-Wireを実現するには、操作系、制御器および操作対象のアクチュエータ間が高速かつ信頼性の高い通信系統で結ばれる必要がある。これを実現するのも、やはり車載ネットワーク技術であり、前述の表１のFlexRayがX-by-Wireを見据えた車載ネットワーク規格である。車両のすべてをX-by-Wire化した乗用車は未だ市販されていないが、スロットル制御をX-by-Wire化（いわゆるThrottle-by-Wire）した車両はホンダのCR-Z[1-26] 等、乗用車では一般化しつつある。

なおCR-Zはエコロジーを謳うハイブリッド電気駆動車両（Hybrid Electric Vehicle）でありながら、エコロジーと相反するイメージのあるスポーツ性を、Throttle-by-Wireによるエンジンコントロールを活用することで訴求しているというユニークな乗用車である。

軍用車両では、運転面での乗員支援技術として装輪車両にABSが導入されつつあるようである。しかし、乗員支援は運転操作に限らず、自車のセンサや通信系を通して外部から得られる戦場情報の処理も当然対象となる。このような処理を行う器材が米国のM1A1、仏国のルクレールやわが国の10式戦車等の主力戦車に搭載されているが、これらは乗員の判断まで積極的に支援する、より高度なものへと将来発展していくだろう。

このような戦場情報に関する乗員支援は、運転や火砲等の搭載装備品に関する乗員支援とも密接に連携していくことだろう。この予測が正しければだが、車両の単純な運用に関する操作のストレスを究極まで軽減し、乗員は人間にしかできない高度な戦場情報判断に能力の大部分を注力することを可能とする総合的な乗員支援技術が、将来のベトロニクスシステムに実装されるだろう（少なくとも、技術的には可能になるだろう）。

また、そのようなベトロニクスシステムを搭載した車両群は通信ネットワークにより有機的に統合され、いわゆる「ネットワーク中心の戦い」（Network Centric Warfare）を支える中核の一つとなるとも予想する。

第2章

装甲および耐弾防護技術

1．耐弾性能評価技術

本項では、装甲および装甲材料の各種弾薬を阻止する能力である耐弾性能について、その評価技術について述べる。

装甲（**図2－1**および**図2－2**参照）は、人員や器材を、弾丸や破片等の脅威から防護する一つの手段として、車両等に施した各種単一材料およびそれらの材料を組み合わせた構造体であり、防弾鋼板および防弾アルミニウム等の単一装甲、複合装甲、反応装甲ならびに空間装甲等がある。なお本項では、鉄帽や防弾チョッキも装甲に含める。装甲材料は、装甲を構成するすべての材料で、金属をはじめ織物やセラミックス等がある。

図2－1　Kontakt反応装甲を装着したT-80BV[2-1]

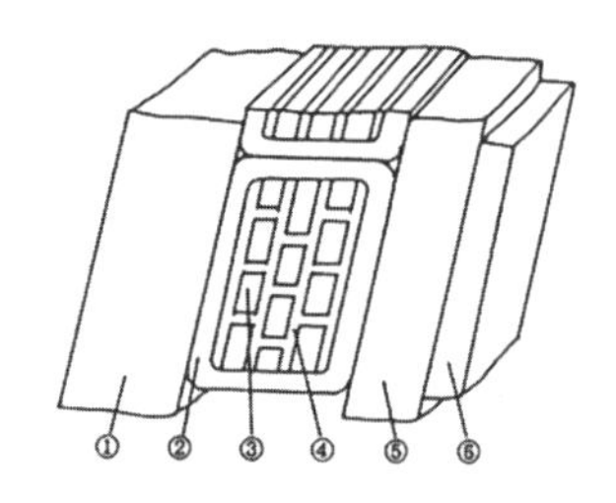

セラミック複合装甲
①、⑤　取付鋼板
②　アルミ（又はプラスチック）ケース
③　セラミックエレメント
④　接着剤
⑥　ライナー

図2－2　米国の反応装甲[2-2]

装甲に脅威をおよぼす各種弾薬には、運動エネルギー弾と化学エネルギー弾がある。運動エネルギー弾（**図2－3**参照）は、火器から高速で撃ち出された弾頭の有する運動エネルギーにより装甲を破壊するものである。また化学エネルギー弾は、弾頭に装てんされたさく薬が有する化学エネルギーを利用する弾頭であり、金属製ライナーを高速のジェットとして飛翔させる成形さく薬弾（**図2－4**参照）と破片を飛翔させて装甲を破壊するりゅう弾（**図2－5**および**図2**

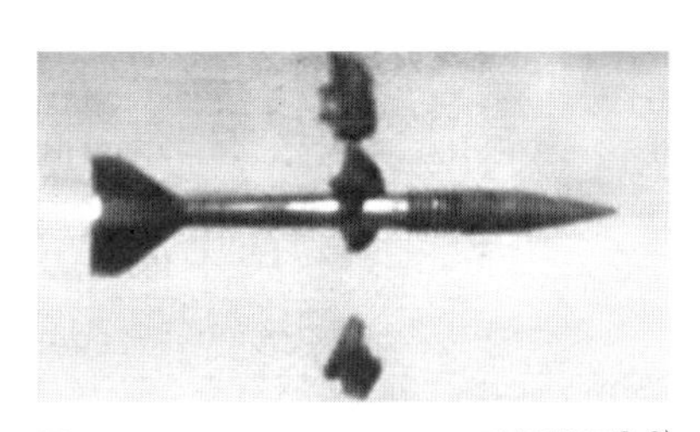

図２−３　125mmAPFSDSの飛翔状況[2-3]

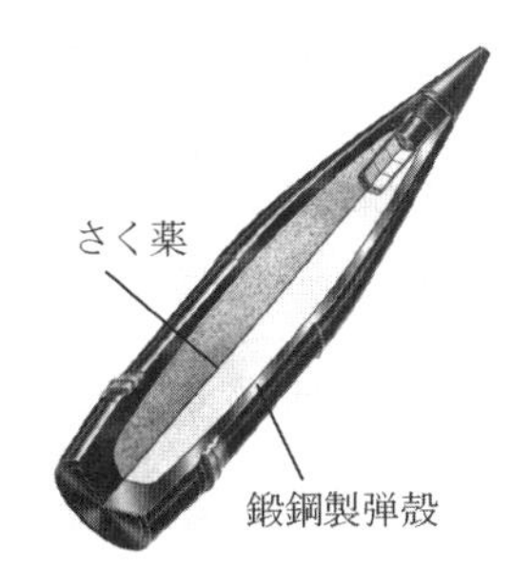

図２−５　りゅう弾の構造[2-4]

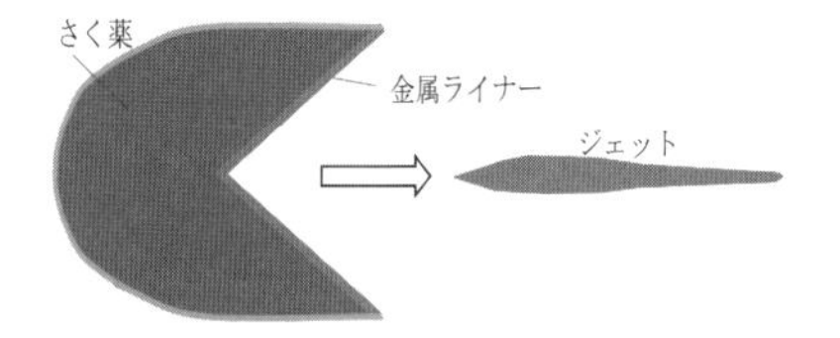

図２−４　成形さく薬弾から射出される
ジェット

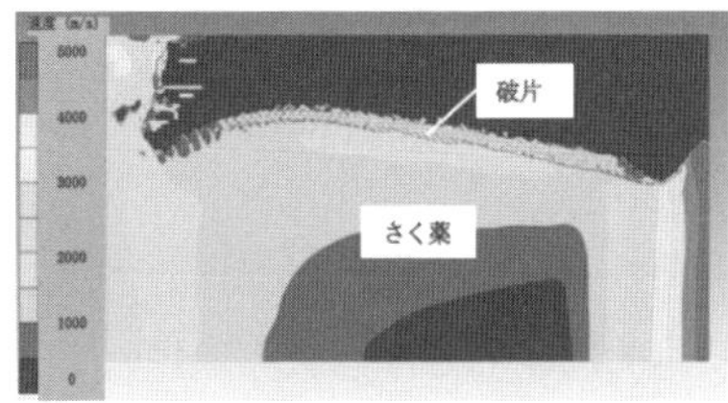

図２−６　りゅう弾起爆時の破片速度の
解析例

−６参照）がある。

以下に、運動エネルギー弾、成形さく薬弾およびりゅう弾破片に対する装甲の耐弾性能の試験評価技術について述べる。耐弾性能を求めるための試験方法は、統一した基準で評価を行い、他の試験結果との比較を可能とするため、試験規格[2-5)〜2-8]に定められている。この耐弾性能評価試験において必要となる高速現象の測定技術について現状と将来動向について述べる。

また装甲の耐弾性能を評価するため、従来から実弾を用いる実射試験が行われ膨大なデータが集められているところであるが、近年ではコンピュータ上で装甲と弾薬の相互作用を扱うことができる数値シミュレーションが用いられるようになっている。そこで、数値シミュレーションの現状と将来動向についても述べる。

1.1　運動エネルギー弾に対する耐弾性能評価

運動エネルギー弾には、小火器用の普通弾および徹甲弾、戦車砲用の装弾筒付翼安定徹甲弾等がある。

装甲の運動エネルギー弾に対する耐弾性能評価試験においては、供試体（装甲）に対して運動エネルギー弾を射撃し、その供試体の耐弾状況を完全侵徹であるか部分侵徹（**図2-7**参照）であるかによって判定し、それぞれの生じる割合が50%となるときの運動エネルギー弾の撃速を耐弾限界として求める。

運動エネルギー弾の速度は、Mach 6に達するような高速となり、運動エネルギー弾の大きさも小さいことから専用の測定方法（**表2-1**参照）を用いて測定される。火砲弾薬用検速装置は、ドプラー信号を用いて検速を行う装置である。的間平均速度測定方式は、ソレノイドコイル、スカイスクリーン、ルミラインスクリーンおよびメイクスクリーン・ブレイクスクリーンなどの二つのセンサ間を通過する時間から、センサ間の平均飛しょう速度（的間平均速度）を測定する方式である。

ドプラー検速装置（**図2-8**参照）は、運動エネルギー弾などの飛しょう体

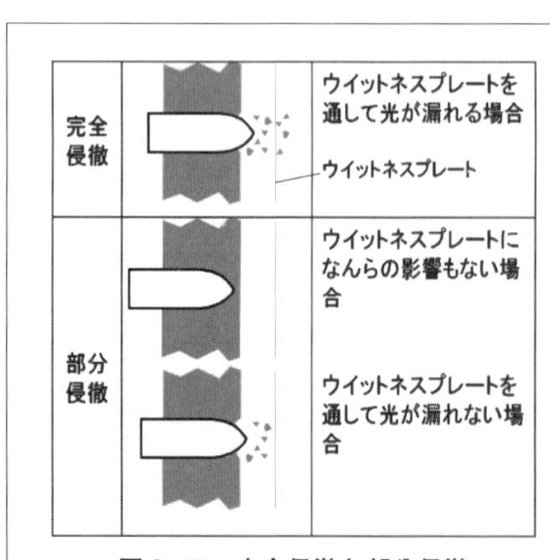

図2-7　完全侵徹と部分侵徹

図2-8　ドプラー検速装置アンテナ[2-11)]

表2-1　測定方法の選定[2-9]

測定方法		弾丸（40mm超え）		弾丸（40mm以下）	破片	特　　徴
		間接照準	直接照準			
火砲弾薬用検速装置（ドプラー式）		A	A	A	B	・計測範囲が広い。 ・電波使用のため安全管理が必要。
的間平均速度	ソレノイドコイル	A	A			・波形の立ち上がりがコイル巻数に依存するなど事前調整が必要。
	スカイスクリーン	A	A			・弾道予測して設置することが必要。 ・小物体には使用できない。
	ルミラインスクリーン			A	A	・検知レベルの調整（破片等の排除）が必要。
	メイク・ブレイクスクリーン	A		A	A	・汎用性が高い。 ・設置位置調整が必要。
A：適用できる。　B：適用の可能性あり。						

に電波を照射し、反射波のドプラー信号から飛しょう体の速度を計測する方式であり、従来はパルス波方式のものが主流であったが、現在では計測が容易で高精度の連続波方式が主流となっている[2-10]。この方式の検速装置は、得られたドプラー信号から、単に速度を測定するだけでなく、距離―時間、加速度―時間および飛しょう体の空気抗力係数などが測定できる装置が開発されている[2-11]。また野戦砲のような曲射弾道の飛しょう体を計測するため、ドプラー周波数の位相差から未来位置を予測してアンテナを駆動するアンテナ可動式の検速装置が開発されている。

的間平均速度測定方式（**図2-9**参照）は、単純な測定原理に基づく測定法であるが、ドプラー検速装置で測定できないような小さな破片の飛しょう速度測定にも使用できる。

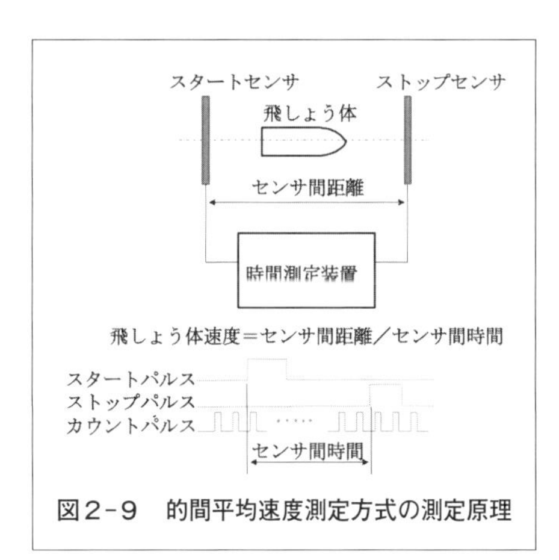

図2-9　的間平均速度測定方式の測定原理

ソレノイドコイルは、飛しょう体が通過する射線上にコイルを設置し、飛しょう体が通過するときの磁束変化で生じる電流の変化を測定するものである。

スカイスクリーンは、昼間の空を背景として、飛しょう体が通過するときの影を利用してトリガー信号を出すセンサであり、非接触で設置も容易であることから従来から使用されている。

ルミラインスクリーンは、線状の光の幕である線光源と光センサの間を飛しょう体を通過させ、光センサからトリガー信号を出すセンサである。現在市販されている装置では、検出対象：5 mm以上の弾丸または破片、光源：レーザーダイオード（650nm）赤色光、光センサ：フォトダイオードおよび開口部面積：横1,000mm×縦500mmの仕様となっている[2-12]ものがある。

メイク・ブレイクスクリーンは、飛しょう体がセンサを貫通することにより導通状態が接または断となる接触方式のセンサである。貫通時に導通が接となるのがメイクスクリーンである。絶縁材料の裏表にアルミ箔などの電気伝導材料を張り合わせた構造であり、箔的と呼ばれる。貫通時に導通が断となるのがブレイクスクリーンである。一般に、絶縁材料の表に電気伝導材料をプリントした構造であり、線的（図２-10参照）と呼ばれる。この方式は、簡便な装置で測定が行えるため、屋内での小銃弾の射撃試験や成形さく薬ジェットの静爆試験等で使用される。

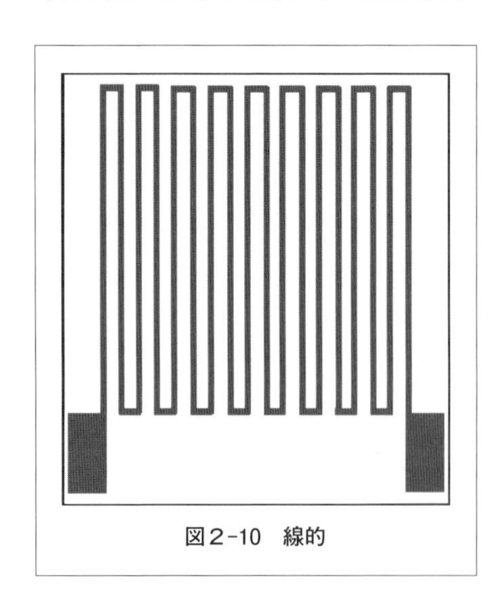
図２-10　線的

1.2　成形さく薬弾に対する耐弾性能評価

成形さく薬弾には、火砲弾薬、ロケット弾、誘導弾の弾頭、対戦車小銃てき弾およびICM（Improved Conventional Munition）の子弾などがある。成形さく薬弾の鋼板等に対する侵徹威力は、従来、成形さく薬弾の口径の５～６倍とされていたが近年では口径の10倍に達するようなものが開発されている。

装甲の成形さく薬弾に対する耐弾性能評価試験には静爆試験、旋動試験、射撃試験およびスレッド試験がある。装甲の成形さく薬弾に対する耐弾性能は、最終的には弾薬・装甲の実際の使用条件に近い射撃試験により評価する必要があるが、大きな標的が必要となり試験が大規模となるため、静爆試験が主に行われる。

静爆試験において、ジェット侵徹速度の測定は、箔的カウンタークロノグラフ（**図2-11**参照）を用いるか、フラッシュX線撮影装置によって測定する。

箔的カウンタークロノグラフを用いた静爆試験では、電気伝導体である鋼板などの装甲材料を積層して、各装甲材料の間に絶縁紙をはさみ、各装甲材料を電極として多くの点のジェット侵徹速度を計測する。

フラッシュX線撮影装置（**図2-12**参照）は、コンデンサーに高電圧をチャージしてスタートトリガーによってX線管（チューブヘッド）に高電圧パルスを加えたときに瞬間的に発生するX線を利用した撮影法であり、成形さく薬のジェットや弾頭の爆発現象など高速現象の評価計測になくてはならない装置で

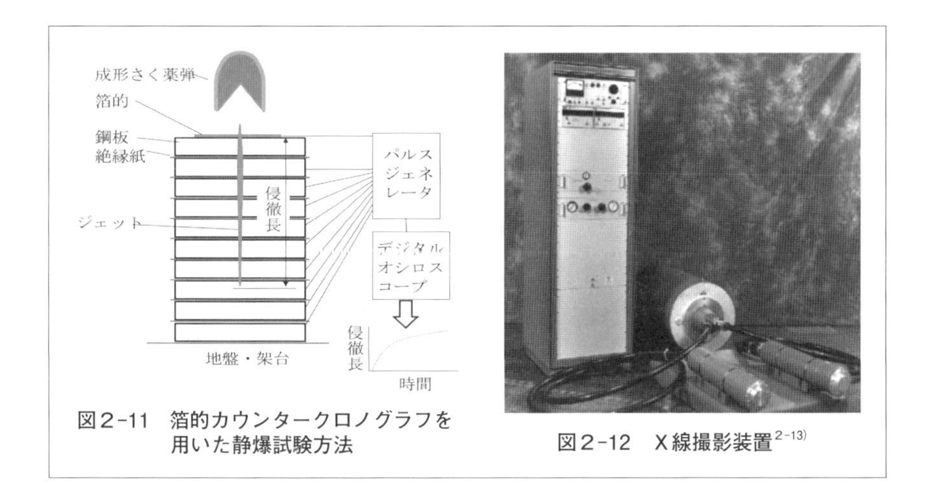

図2-11　箔的カウンタークロノグラフを用いた静爆試験方法

図2-12　X線撮影装置[2-13]

ある。国内では、450kVのX線を25ナノ秒間バーストして18ミリの鋼鉄を通過するX線撮影装置などさまざまな性能の装置が販売されている。最近では、連続して安定したX線を発生させる装置と、高速レスポンス特性を有するX線イメージインテンシファイア（撮像画に結像した光学像を位置情報を保持したまま輝度を増幅して出力する撮像デバイス）および高速度・高解像度の高速度カメラで構成され、X線画像を連続して撮影できる装置が出現している。今後、撮影範囲や撮影速度に関する制限がなくなってくると、耐弾性能評価試験での活用が期待される。

弾薬の飛しょう安定のための旋動運動は、遠心力によってジェットの収束性を阻害するため、50％程度侵徹威力を低減させることがある。このため、旋動運動が無視できない戦車砲用成型さく薬弾等に対する耐弾性能評価では、旋動試験が行われる。

スレッド試験は、対戦車誘導弾の弾頭等に対する耐弾性能を評価する場合に行われる。耐弾性能を射撃試験で実施するには、確実に誘導弾を標的に命中させるため大きな標的が必要となるなどのコスト上と安全上の問題があるので、安全に比較的安価に耐弾性能が評価できるスレッド試験が行われる。防衛省技術研究本部（現防衛装備庁）下北試験場では、スレッド試験等が実施可能な滑走距離350mのレールランチャ（図２-13参照）を整備している。

図２-13　下北試験場のレールランチャ[2-14]

1.3　りゅう弾破片に対する耐弾性能評価

りゅう弾は、破片効果および爆風効果によって人員、器材に損傷を与えるものである。破片は、りゅう弾の弾殻に何らの作為をしていない状態から生成さ

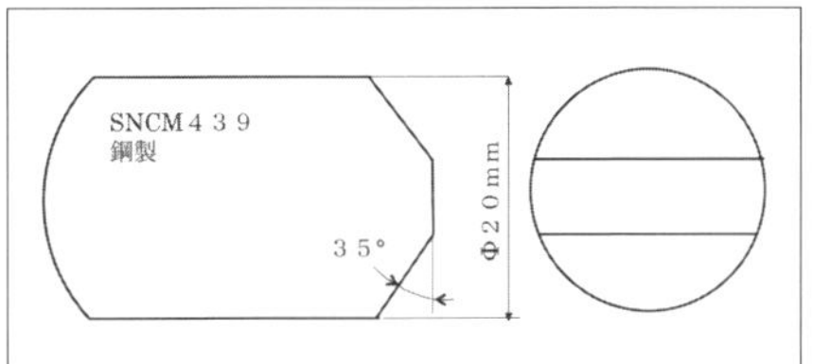

図２-14　破片模擬弾の概要

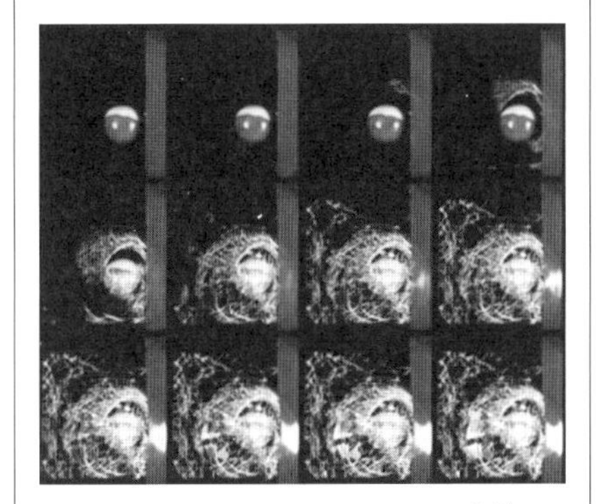

図２-15　高速度カメラの撮影例[2-15]
（50万コマ／秒、ガラス破壊）

れる自然破片、弾殻に切込み等の人為的な加工を施した調整破片および弾殻に球状や立方体の破片を組む込んだ成形破片がある。

装甲のりゅう弾破片に対する耐弾性能評価試験は、破片模擬弾射撃試験と静爆試験がある。

破片模擬弾射撃試験は、原理的に運動エネルギー弾に対する耐弾性能評価試験と同じであり、破片模擬弾（**図２-14**参照）を使用して耐弾限界を求める。

静爆試験は、りゅう弾の静爆によって生成した破片のうち、最大の破片密度をもつ方向に設置した装甲供試体の耐弾性能評価試験であり、単位面積に受けた貫通個数および有効弾数の数を測定して、装甲のもつ破片阻止能力を防護率＝（１－貫通個数／有効弾数）×100％で表す。この静爆試験では、破片速度の測定と耐弾状況の計測のために、高速度カメラ（**図２-15**参照）が使用される。高速度カメラの性能は年々進歩しており、400万画素以上の高解像度のものや100万コマ／秒以上の高撮影速度のものがある。

1.4　数値シミュレーションによる装甲の耐弾性能評価

装甲と弾頭の相互作用は、極めて高速で複雑な現象であり、過去においては正確に現象を理解することはできなかった。しかしながら、近年では、高速度カメラ・X線撮影装置などの新しい測定器材により装甲の耐弾現象を測定することが可能になり、見ることができない装甲内部の圧力や温度などの状態量あるいは装甲材料の破壊の状況を数値シミュレーションで解析することが可能となっている。

この数値シミュレーションは、核爆発の衝撃波の研究として、米国エネルギー省の研究所LANL（Los Alamos National Laboratory）などで1945年頃から開発が開始されたものであり、質量・運動量・エネルギーの保存則を表す基礎式と、材料の構成式を連立させ、偏微分方程式を解くことにより解を求めている。当初、流体現象を記述するこれらの方程式の解法については、Hydrodynamic Codeと呼ばれ、Hydrocodeの略称で呼ばれている。

Hydrocodeの進展は、特にM. Willkinsがこの理論に基づいた数値シミュレーションコードHEMPを発表して以来、数値モデルによって相互作用を記述するコードHELP（Ballistic Research Lab., 米国）、STEALTH（Ronald Hofmann and associates、米国）、DYNA（Lawrence Livermore National Lab., 米国）、MSC. Dytran（MSC Inc.,米国）、AUTODYN（ANSYS Inc., 米国）等が競って開発され、衝撃問題の解析に利用され、最近ではLS-DYNAなど、有限要素法による解析も多く行われるようになり、解析手法自体は概ね確立されている。

一方、異方性を有する複合材料や複雑な破壊現象を示すセラミックスについては、解析の入力データである材料構成式が確立されていないため、現在、盛んに研究が行われている。材料構成式は、状態方程式、構成方程式および破壊条件式から構成される。

○**状態方程式**：圧力（静水圧）、密度、比内部エネルギー（単位質量当りの内部エネルギー）のような熱力学的状態量の相互関係を与える式である。状態方程式の近似式には、多項式型状態方程式、衝撃波状態方程式、Tillotsonの状態方程式、Mie-Grüneisenの状態方程式、JWL（Jones-Wilkins-Lee）の状態方程式等がある。また材料の非等方性を考慮したモデルも提案されている。

○**構成方程式**：応力とひずみの関係は静水圧成分と体積ひずみ成分、偏差応力成分と偏差ひずみ成分との組み合わせで記述され、弾性変形においては弾性定数を与える必要がある。また塑性変形については、一般に塑性変形が静水圧には無関係であることから、応力から静水圧成分を除いた偏差応力成分と偏差ひずみ成分の組み合わせで記述される。このとき、塑性変形の開始点である降伏応力を与える必要がある。偏差応力成分と偏差ひずみの関係を記述する構成式には降伏応力の与え方により弾－完全塑性モデル、弾－線形硬化塑性モデル、Johnson-Cookモデル、Steinberg-Guinanモデル、Johnson-Holmquist Brittle Damageモデル等がある。

○破壊条件式：材料がどういう状態のときに破壊を生ずるかを表わすのが破壊条件式であるが、材料の破壊現象、特に高速衝撃下の場合は未解明な部分が多く統一された破壊理論は確立されていない。数値シミュレーションを行う場合は、解析する問題の性質に応じてスポール強度、相対体積限界値、最大塑性ひずみが組み合わせて用いられている。

このような材料構成式の整備が今後進められることにより、数値シミュレーションの解析精度が向上することになり、装甲の耐弾性能評価に、数値シミュレーションがより活用されるようになると考えている。

盾と矛の時代から、兵士はわが身を守るため矛に貫かれない盾を求める必要があり、その性能評価は命にかかわる重要なものであったと考えられる。戦車が陸上の主要装備品となり、特にゼロ・レスカジュアリティが重視される現代においては、装甲の耐弾性能評価はますます重要な技術となっている。近年、試験評価においては高速度カメラなどの新しい測定器材を用いることで、従来見ることができなかった高速現象を観察することができるようになってきた。また数値シミュレーションも確立されつつあり、試験では測定できない材料内部の状態量も知ることができるようになってきた。このような新しい耐弾性能評価技術を活用することで、装甲の耐弾性能を向上させていくことが可能になると考えている。

2. 脆弱性解析技術

脆弱性とは、もろくて弱い性質または性格という意味であり、コンピュータセキュリティ分野ではネットワークにおける安全上の欠陥という意味で使われている。安全性の欠陥とは、コンピュータのソフトウエアやオペレーティングシステムのバグといった要求仕様を満足しないことや要求仕様を満足するがコンピュータウイルスや不正アクセス攻撃に対して弱いことの二面性がある。また電子戦におけるECMおよびECCMに関する脆弱性やCBRN対処における脆弱性という観点もある。

本項における脆弱性とは、陸上装備の火力攻撃に対する弱さを意味し、銃砲弾や誘導弾等の火力に対する被弾によって生じたミッション遂行のために必要な装備品の機能低下や損傷を対象とする。これらの火力に対する脆弱性を定量的に調べることを脆弱性解析と呼んでいる。

本項は脆弱性について、その概念、解析の発展してきた歴史的背景を述べた後に、脆弱性を評価するための手法について記述する。なお脆弱性の具体的な解析例は阪本雅行著による『脆弱性解析シミュレーション』を参照されたい[2-16]。

2.1 脆弱性解析とは

脆弱性解析は、二つの大きな出来事により飛躍的に発展した。一つは、米国による体系的な分析である。米国は朝鮮戦争における戦車の被弾損傷を調査し、被弾に伴い発生する現象と機能・性能の低下の関係を分析した[2-17]。さらに、ベトナム戦争においても対空火器等による被弾部位と未帰還機（飛行という機能・性能の低下）の関係について体系的な調査を実施した[2-18]。これらの調査・分析を通じて脆弱性の概念が整理・明確化され、以後、本格的な研究および研究成果を適用した装備品の創製が開始されることとなった。もう一つは、コン

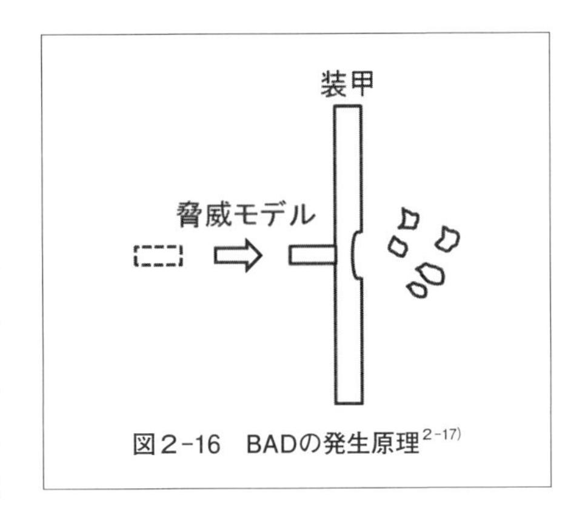

図2-16　BADの発生原理[2-17]

ピュータの登場と処理速度の向上である。従来の脆弱性解析は、装備品の形状投影図やブロック線図を用いた手作業による机上検討が中心であり、複雑な形状・機能を有する装備品全体を評価するには、膨大な手計算を必要とした。しかし、CAD技術やコンピュータの処理速度の向上により、装備品の幾何学的形状、構成部品の複雑なモデリングや会合条件についても短時間で精度の良い解析が可能となった。

脆弱性解析では被弾によるすべての破壊モードと機能低下の関係を明らかにするものであるが、砲弾などの破片、弾丸の侵徹・貫徹、BAD（Behind Armor Debris、２次破片もしくは装甲裏面はく離破片）や火炎は機能低下が大きいことから、主要な脆弱性解析の対象となっている。BADとは**図2-16**に示すように、銃砲弾や誘導弾等の火力である脅威モデルが装甲に被弾した際に、装甲裏面から発生する破片のことであり[2-17]、破片や弾丸の貫徹より、広範囲な被害を及ぼす。車両に作用する爆風は、外板破断による高圧ガスの流入だけでなく、爆風圧によって車体に発生する加速度の影響による装備品の機能低下も重要である。また遠隔作用力として、EMP（電磁パルス）や音響パルスの影響による、電子機器類などの内部機材の機能低下も場合によっては重要となる。

脆弱性を評価するための最も原始的な方法は、火器による攻撃で車両や航空機の各要素の損傷や破壊の度合いを実験で計測するものであるが、これらの度合いを定量的に示すことが困難であった。その後、いくつかの研究によって、簡易的に解析対象の性能を示す被損害性 P_kが使われるようになった。これによって、解析者は解析対象の性能を損傷や破壊される確率によって明確に理解できる。さらに、この被損害性 P_kは解析対象がミッションを遂行できるかどうかを直感的に決定するための基準となっている。

2.2　装備品の脆弱性解析の評価手法

脆弱性解析における評価とは、被弾による車両などにおける各要素の脆弱性を定量的に示すことである。もちろん、この評価手法は各国が保有する脆弱性解析によって異なるが、本項においては米軍で使われている評価手法を紹介する。脆弱性解析は、敵に攻撃された後の被害を対象としているが、装備品として機能するには、そもそも撃たれるかどうか（被弾可能性）も含めて考えることが必要である。この被弾可能性解析と脆弱性解析をあわせて、残存性解析と呼んでいる。

図2-17は残存性解析の各レベルに分類した評価手法である[2-19]。残存性の向上は、脆弱性の低減の他に、被弾可能性の低減によっても達成することができる。被弾可能性は脅威側から探知・識別・射撃および被弾に至る確率を示すものである。残存性解析では、6段階のレベルに分割して解析を行うものである。

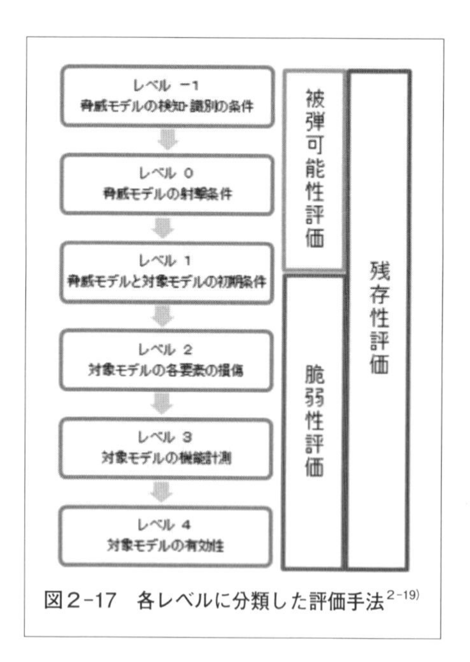

図2-17　各レベルに分類した評価手法[2-19]

まず、レベル-1からレベル1とレベル1からレベル4は、それぞれ被弾可能性と脆弱性を評価するための過程に分類される。レベル-1では解析者は脅威モデルが解析対象モデルを検知・識別する能力を評価する。レベル0では、脅威モデルの射撃条件を評価する。次にレベル1では、脅威モデルが解析対象モデルに命中する確率などの条件や対象モデルの耐久性などの条件を評価する。また命中確率に統計的なばらつきを使うことで、実モデルに近い射撃条件を再現することができる。レベル

２では、射線解析やグリッド解析という手法によって対象モデル各要素の被弾状況を可視化するものである。そして、レベル３では、解析対象モデル各要素の被弾状況に応じた機器の損傷を評価し、ミッション遂行のために必要な解析対象モデルの運動性能などの能力を評価する。最後に、レベル４では解析対象モデルのミッション達成のための有効性を評価する。レベル-１からレベル３までは、主に工学や物理学の知識によって条件を定義するが、レベル３とレベル４ではオペレーションズ・リサーチの知識も必要とする。

脅威の攻撃により解析対象が失う機動力や火力等の機能は、解析対象によって異なる。これをキル（機能損傷）モードと呼んでいる。例えば、戦車の場合は、機動力キル〔M-Kill（Mキル）〕、火力キル〔F-Kill（Fキル）〕、壊滅的キル〔K-Kill（Kキル）〕等により、機能損傷程度を分類している[2-20]。航空機等では、被弾してから制御機能を失うまでの時間や作戦任務のレベルによりキルモードが区別される。これら解析対象の特定または総合的な機能の損傷確率は、各要素の機能に対する影響度合いの階層構造をふまえた論理計算によって算出される。この関係するコンポーネントの階層構造を表したものを機能系統樹（FT: Fault Tree）と呼んでいる。

図２-18は、機動力機能の機能系統樹の一例であり、頂上事象をキルモードの機動力キルとし、機動力キルが発生する原因となる事象が木の枝のように連なっている。この機能系統樹に基づき機能損傷確率が計算される。車両におけるキルモードは主に機動力、火力、探知、乗員、通信および破壊的キルの六つのキルモードに分類できる。**表２-２**は、これら六つのキルモードのうち、機動力と火力キルモードの程度を示す。それぞれ、「機能の低下なし」から「完

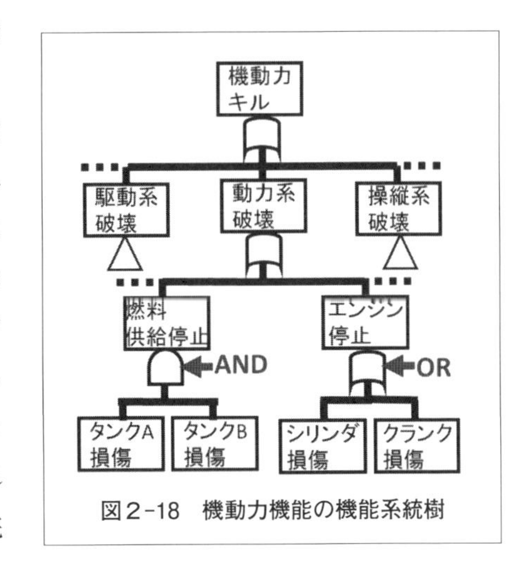

図２-18　機動力機能の機能系統樹

表2-2　機能損傷程度の分類の一部[2-20)]

キルモード	機能損傷程度の分類
機動力	M0：機動性の低下なし M1：速度が僅かに低下 M2：速度のかなりの低下 M3：完全な停止
火力	F0：火力低下なし F1：主弾薬の損傷 F2：移動時に発射不能 ・ F17：全火力の損傷

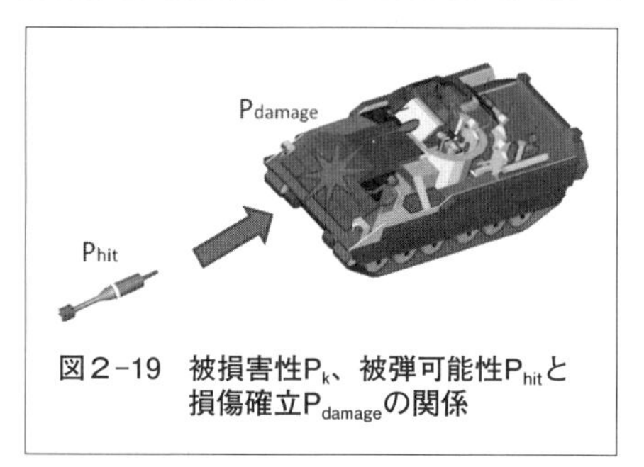

図2-19　被損害性P_k、被弾可能性P_{hit}と損傷確立P_{damage}の関係

全な機能損失」までいくつかの段階に分類される。つまり、図2-18において右下のクランク損傷が発生した場合、エンジン停止が生じ、動力系が損傷する。最終的に、損傷度合いにより、表2-2のM1からM3のいずれかの事象が生じる。

ここでは、機器損傷の評価例を紹介する。**図2-19**は対象モデル（車両）と脅威モデルによる最も簡易的な機器損傷の例を示す。図2-19のように被損害性P_kは被弾可能性P_{hit}と損傷確率P_{damage}の積で表すことができる。もちろん、同じ場所に被弾する場合は、蓄積された被損害性P_kを計算すれば良いが、装備品の損傷によって変化する損傷確率P_{damage}の見積もりが難しい。そこで、破片被弾数と損傷確率P_{damage}の関数を導入することで、被損害性P_kを算出する方法がある。**図2-20**は損傷確率P_{damage}の関数の例を示

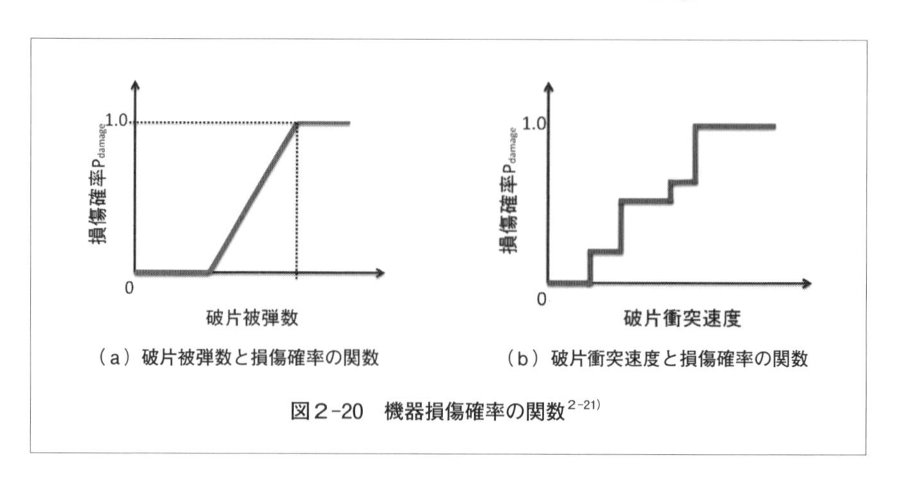

図2-20　機器損傷確率の関数[2-21)]

す[2-21]。図２-20（ａ）は横軸に破片被弾数、縦軸に損傷確率を示す。縦軸の損傷確率は、1.0で機能の完全な損失を示す。このグラフでは、対象モデルは破片の被弾がある回数以下では機能低下しないが、ある回数以上から徐々に機能低下し、損傷確率が1.0になると機能が完全に損失する。しかしながら、この関数は破片の衝突速度などの特性が考慮されておらず、単純に被弾数だけで損傷確率を評価してしまっている。例えば車両のタイヤは低速度の破片が多数衝突しても、車両の機能低下や損失が起こるとは考えにくい。そこで図２-20（ｂ）のような横軸に破片衝突速度と縦軸に損傷確率を示した関数を導入する。これによって、タイヤは破片が、ある衝突速度に達することで機能低下や損失が生じることになる。この破片衝突速度は衝突する角度や破片質量などによっても損傷確率に影響をおよぼす。そのため、この関数は実験データ、被弾側の構造や技術者の経験などに基づいて定義しなければならない。

また破片が装甲などの厚みのある板とみなせるものに衝突するときはTHORの威力評価式[2-22]を用いることで、貫徹・非貫徹を評価できる。これは破片の質量、速度、隔壁などへの入射角、貫徹面積や隔壁などの板厚を基に、貫徹・非貫徹、貫徹後の質量や速度を算出する半実験式である。**図２-21**は、このTHORの威力評価式の原理を示す。THORの威力評価式はある質量の破片がある速度（着速）V_0で板に衝突するとき、貫徹・非貫徹の判定や貫徹後の破片速度（存速）V_Rを板厚tと撃角θで算出する。**図２-22**はTHORの威力評価式における破片速度（着速）と破片速度（存速）の関係をグラフにしたものである。図２-22（ａ）では撃角が増すほど貫徹後の存速が低下していることが分かる。図２-22（ｂ）では、板厚が増すほど、貫徹後の存速が低下することを示している。いずれのグラフも着速が低いところでは破片が板を貫徹しないため、存速が発生しない。しかしながら、あ

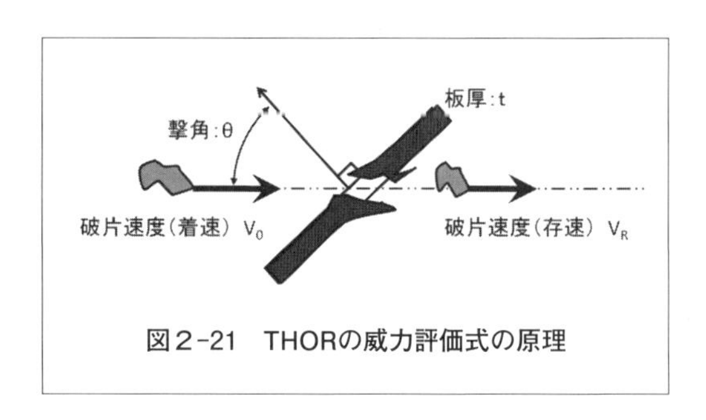

図２-21　THORの威力評価式の原理

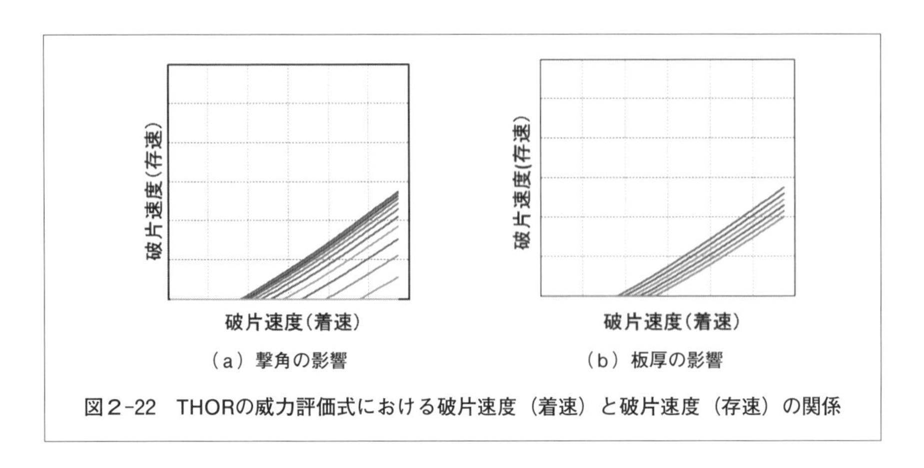

図2-22　THORの威力評価式における破片速度（着速）と破片速度（存速）の関係

る着速を超えると、破片が板を貫徹するため、存速が発生する。

2.3　人員の脆弱性解析

(1)　評価基準

戦場の無人化は、将来的な装備品の研究開発として目指す方向性ではあるが、現状の装備では何らかの人員の操作や判断が装備品の機能発揮には不可欠である。それゆえ、装備品の脆弱性解析の中で人員の脆弱性解析の評価は重要であるが、人員の脆弱性を定量的に定義することは困難である。人員は破片の運動エネルギーがおよそ79 Jで損傷するとされていた[2-23]。これは、非常に曖昧な定義であり、人員損傷における多くの研究が行われるきっかけとなった。人員損傷の基準として、単なるエネルギーしきい値を示すだけでは、十分ではなく、弾着部位、個体差、年齢差や性差など制御できないパラメータがある中で、エネルギーしきい値がどの程度の信頼性をもち、外傷の重篤度についてのどの程度の確率を模擬しているかの、医療統計には不可欠な情報が不足しており、基準としては不十分といわざるを得ない。破片の運動エネルギーの実際の外傷との相関関係を巡るさまざまな研究の結果、この79 Jは脅威が皮膚へ侵徹するための運動エネルギーよりもかなり大きい値であることが分かった。しかしながら、この基準は弾の形状、大きさや質量などのパラメータに依存せずに、簡易的に人員の損傷を評価できるものである。そのため、この79 Jは完全に人員が損傷する基準として、広く使われている[2-24]。

通常、工学や物理学だけの知識では人員損傷を定量的に評価するのは難しい。そこで、人員損傷に医学的知識を取り入れることで、定量的に評価する手法がある。それは、AISスコア[2-25]と呼ばれる、米国自動車医学振興協会（Association for the Advancement of Automotive Medicine: AAAM）によって作られたものである。**表2-3**はAISスコアを示す。これにより、人員損傷の大きさを医学的知識に基づいた六つのカテゴリーに分類することができる。脆弱性解析は、火力などによる人員損傷をAISスコアに当てはめることによって、定量的に解析結果を算出することができる。

表2-3　AISスコア

AISスコア	重症度
1	軽症（Minor）
2	中等症（Moderate）
3	重症（Serious）
4	重篤（Severe）
5	瀕死（Critical）
6	救命不能（Maximum）

表2-4　装甲戦闘車両の機能損傷程度の分類[2-20]

キルモード	機能損傷程度の分類
乗員	C0：乗員の負傷なし C1：操縦手の損傷 C2：車長の損傷 C3：砲手の損傷 ・ ・ C7：乗員の全損傷

また2.2項で紹介したキルモードのうちの乗員のものを**表2-4**に示す。この乗員のキルモードを導入することで乗員の損傷による他の機能への影響を模擬することができる。装甲戦闘車両では、乗員の負傷なし、操縦手の損傷、車長の損傷と砲手の損傷などに分けられる。これらの乗員が損傷すると、図2-18のような機能系統樹に基づいて、関連する機能に影響を及ぼす。

(2)　爆風特有の現象

近年、イラクやアフガニスタンでの被弾事例を通じて、爆風に暴露した人員にさまざまな後遺症が発生している。これらの後遺症は、比較的軽度と判断される爆風レベルにおいても発生すると考えられている。そのため、このような後遺症の発生を低減するために、人員の脆弱性解析が注目を集めつつある。特に、兵員輸送車両や個人防護装備などについては、人員の損傷が装備品の脆弱性を評価する上での主要な指標となりうる。このような人員の脆弱性解析における脅威は、爆風圧効果、対戦車地雷などによる加速度や熱による影響がある。ここでは、車両の乗員の脆弱性解析について紹介する。

車両内の人員が負荷を受ける場合は、主に二つのケースに分類される。一つは、爆風が車体の床面に局所的な変形を生じさせ、これと接触している下肢に荷重が印加され、発生する外傷である。もう一つは、爆風に伴い車体全体が運動し、これによって発生する加速度により頸部や腰部に負荷を生じさせて発生する外傷である。これは、とりわけ軽量の車両において発生する事例であるとされている[2-26]。

一般的に車両内の人員の損傷基準は、交通事故などの損傷を評定するために作られている。これらの損傷は、水平方向の加速度印加によるものであり、加速度の印加パルス幅が爆風に比べて大きい特徴がある。そのため、垂直方向による加速度印加での損傷や爆風が人員体内を伝搬する圧力波によって、臓器が損傷することは想定されていない。これは、爆風特有の現象であり、AISスコアなどに基づく新たな評価基準を設けなければならない。

脆弱性解析は装備品の概念設計から改修段階まで、幅広い領域で使用可能である。例えば、将来装備品等に対しては、各設計段階において、費用対効果も考慮した低脆弱性設計に反映させることが可能であるとともに、開発に必要な試作品を有効に絞り込むことが可能である。一方、現有装備品等に対しては、新たに出現する脅威も含めた各種脅威に対する脆弱性解析を行うことにより、それぞれに応じたコンポーネント材料の変更・追加等に関し、費用対効果も考慮に入れて最適な対応策を提案することが可能である。

また諸外国においては、脅威側の致死性を評価する威力解析も脆弱性解析と同様に開発されている。これらを連接させることにより、脆弱性解析における脅威側の威力を精度良くモデリングすることができるため、解析の精度向上や豊富なデータベースの構築が可能になる。

このように、脆弱性解析は、研究開発の各段階の縁の下の力持ちとなり、威力解析と表裏一体になりながら研究が促進されている。そのため、今後の脆弱性解析は部隊運用などを含めた総合的なシミュレーションと連接させることで、より効率的な研究開発が可能になるだろう。

第3章

火器・弾薬技術

1．火砲計測技術

火砲の目的は、端的にいえば、弾丸を目標またはその近傍に到達させることである。この目的を達成するためには、弾丸の動きと弾丸を発射する火砲の動きを知る必要がある。弾丸の動きについては「弾道学」上の研究対象となる。弾丸を目標またはその近傍に到達させる目的から考えれば分かるように、弾道学は重要な研究分野である。一方、弾丸がその目的を達成するための運動を与えているものが火砲である。つまり、火砲の挙動を知ることも弾道学と同様、重要な研究分野である。

製造された火砲が設計どおりの性能を有しており、かつ、その性能が発揮できるのかを確認することが火砲に関する試験の目的である。特に射撃試験に関していえば、火砲の各種機能とともに命中精度や発射速度、威力性能、安全性などの各種性能や装甲などの耐弾性能を確認することにある。試験を実施するにあたっては、火砲の構造や特性とともに性能を確認するための計測方法を知らなければならない。ここでは、火砲に関する基礎的な知識とともに、火砲を用いた試験における計測技術について、例をあげて述べる。

1.1　火砲とは

火砲とは、拳銃や小銃、機関銃などよりも大きい、口径20mm以上の火器[3-1]を指す。口径とは、砲こう(腔)または発射筒の内径[3-1]を指す（**図3-1**参照)。また火器とは、火薬などのエネルギーを利用して飛しょう体（弾丸など）を射出する装置であり､広義には､射撃統制器材､

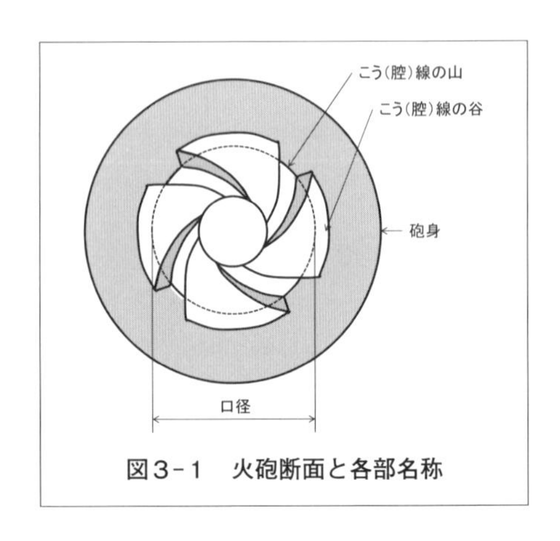

図3-1　火砲断面と各部名称

射撃および弾道を含む、とされている。火砲を含む火器や弾薬に関する用語については、防衛省規格（NDS）にまとめられている。

現在、主に陸上自衛隊で使用されている火砲について、口径別に具体的な装備品例とともにまとめたものを**表3-1**に示すとともに、火砲を搭載した各種装備品を**図3-2**に示す。また、その概要を以下に記す。

表3-1　火砲を搭載する装備品の例[3-2]

口径	装備品の例
20mm	高性能20mm機関砲（CIWS）、20mm機関砲（JM61-M、F-15J、F-2、F-4EJ）、3銃身20mm機関砲（AH-1S）、対空機関銃VADS1改
25mm	87式偵察警戒車
30mm	30mm機関砲（AH-64D）
35mm	87式自走高射機関砲、35mm2連装高射機関砲L-90、89式装甲戦闘車
40mm	96式自動てき弾銃
76mm	艦載砲（54、62口径76mm速射砲）
81mm	60式自走81mm迫撃砲、64式81mm迫撃砲、81mm迫撃砲L16
84mm	84mm無反動砲
90mm	艦載砲
105mm	74式戦車
106mm	60式106mm無反動砲
107mm	107mm迫撃砲M2、60式自走107mm迫撃砲
120mm	90式戦車、10式戦車、120mm迫撃砲RT、96式自走120mm迫撃砲
127mm	艦載砲（62口径5インチ砲、54口径127mm速射砲、73式54口径5インチ単装速射砲）
155mm	75式自走155mmりゅう弾砲、99式155mm自走りゅう弾砲、155mmりゅう弾砲FH70
203mm	203mm自走りゅう弾砲

（1）機関砲

安定した連続射撃を行う火砲で、口径は20～35mmである。連続射撃に必要な駆動力は発射薬の燃焼エネルギーにより供給されているほか、外部の駆動を使用するものもある。

（2）迫撃砲

口径81～120mmで射距離（約10km）[3-2]の火砲が迫撃砲である。

（3）りゅう弾砲

口径が155および203mm、迫撃砲よりも長い射程距離（約30km）[3-2]を有する火砲で、野戦砲とも呼ばれている。野戦砲にはりゅう弾砲のほか、砲身の長さの違いにより加農砲の区別があるが、現在はその違いがほとんどなく、国内においてはりゅう弾砲と呼称されている。

10式戦車

120mm迫撃砲RT

87式自走高射機関砲

99式155mm自走りゅう弾砲

図3-2　火砲を搭載した各種装備品
(写真は陸上自衛隊HPより引用)

(4) 戦車砲

戦車に搭載された火砲であり、口径105および120mmの火砲が使用されている。砲身には、内面に溝がらせん状に刻まれた施線砲身と刻まれていない滑こう(腔)砲身がある。

1.2　火砲を用いた試験

(1) 装備品の研究開発の流れと試験

表3-1や図3-2に示した各種火砲が装備品となるまでには、要素技術に関

する研究と装備品システムとしての開発が必要である。防衛省において行っている装備品に関する研究開発の流れは**図3-3**に示すとおりである。システムコンセプトや技術要素ごとの技術研究を行った後、装備品の試作および試作品の性能を確認するための技術試験を技術開発において行い、実際の運用状況を想定して各自衛隊が行う実用試験を経て装備化となる。このとき、各段階において試験が行われる。

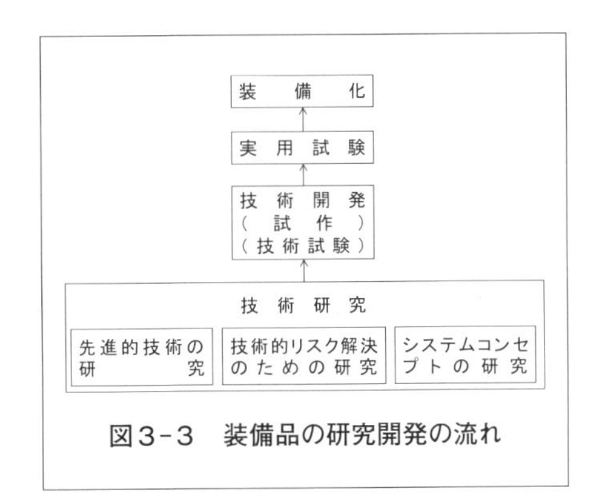

図3-3 装備品の研究開発の流れ

各段階の試験では、それぞれの試験目的に応じた計測項目が設定され、計測に必要なセンサ、装置を用いて試験を行い、データを取得する。

（2）火砲を用いた試験例

火砲を用いた試験例として、防衛省技術研究本部（現防衛装備庁）下北試験場において実際に行った射撃試験を示す。**図3-4**は、試験配置の概略図とともに各種計測装置が配置された試験砲周辺とドーム射場内の写真を示している。この試験は、火砲から発射された弾丸の挙動を画像として取得することにより、弾丸の飛しょう特性を取得するために行った試験[3-4]であるが、同時に火砲においても複数のセンサを設置し、弾丸が発射された際に火砲の各部位（砲口制退器、駐退機、復座機等）にかかる圧力や変位量を計測している。これらのセンサからの信号はチャージアンプや増幅器での変換、増幅がされた後、電圧変化量などとして記録される。

射撃では、射撃ボタンを押すことにより火管に電気信号が印加され、これにより火管の火薬が燃焼することで発射薬が着火、燃焼する。火管を発火させることを撃発というが、この撃発には電気信号を用いるほか、ばねによる機械力を用いた方法がある。図3-4に示す試験では、撃発に用いた電気信号が射撃

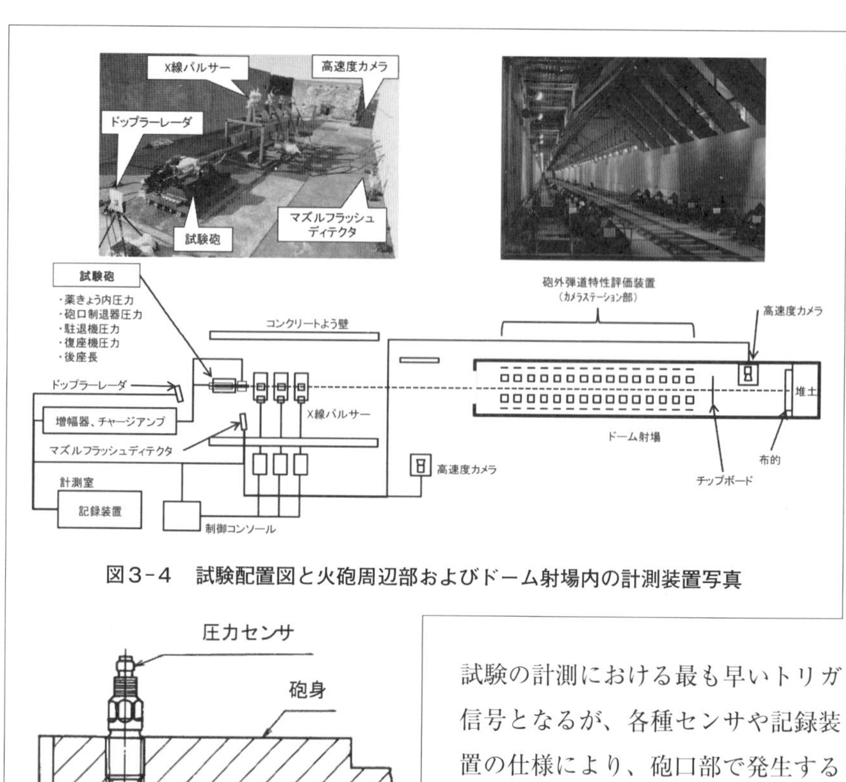

図３-４　試験配置図と火砲周辺部およびドーム射場内の計測装置写真

図３-５　圧力センサの取り付け一例

試験の計測における最も早いトリガ信号となるが、各種センサや記録装置の仕様により、砲口部で発生する砲口炎（マズルフラッシュ）を、マズルフラッシュディテクタにより検知し、ディテクタからの出力信号をトリガ信号として用いた。これにより、弾丸の砲口離脱時を基準時刻とした、時刻同期がとれた各種計測データを取得している。砲口炎を計測のトリガ信号として用いた理由は、発射薬量を変化させた場合に生じる弾丸の速度変化や火砲の挙動の時間変化に伴う各種センサからの出力信号の時間的変化への対応が容易であったためである。

圧力センサの砲身への取り付け例[3-5]を**図３-５**に示す。試験では、かかる力に応じて物質から電荷が発生する圧電効果を利用した、応答周波数の高い圧

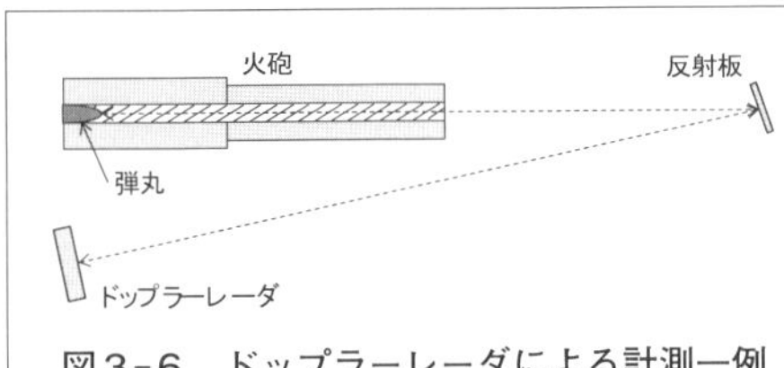

図3-6　ドップラーレーダによる計測一例

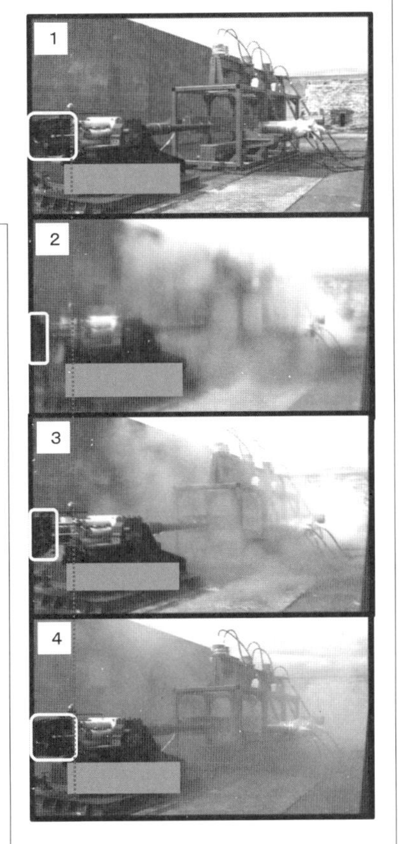

図3-7　射撃の瞬間（1：射撃直前、2→3→4の順で時間（約1秒）が経過）

電式圧力センサを用いている。発生した電荷はチャージアンプにより電圧に変換され、データとして取得される。圧電式圧力センサは、電圧変化量と計測すべき物理量との関係が校正値として添付されており、記録された電圧値から計測目的である圧力を取得することができる。

ドップラーレーダは、ドップラー効果を利用して、弾丸の飛しょう軌跡や速度などの変化を計測することができる装置である。**図3-6**の配置においては、弾丸の砲口離脱時における初速を主に計測している。また使用する火砲の口径に対して適切な周波数のドップラーレーダを用いることで、砲内における弾丸の速度や位置の変化を計測することも可能である。図3-6に示すように、射線上にミラーあるいはアルミはく板で作られたレーダ波反射板を設置し、反射により砲内に入射されたレーダ波を利用して、砲内における弾丸の変化を取得することができる。

図3-7は、火砲周辺部を撮影した射撃時の画像である。白線枠で示した砲尾環の動きに注目すると、点線の砲尾部初期位置から射撃の反動により弾丸の

発射方向とは逆へ移動した後(画像１→２の変化)、再び元の位置に戻る様子(画像３→４の変化）が分かる。この時、砲尾環は火砲に組み込まれている駐退機と呼ばれる装置により、射撃に伴い発生した発射反動を受け止めながら移動している。この動きを後座運動と呼び、後座した距離をあらわす後座長は、歯車の山谷の変化をカウントすることにより計測している。後座が最大となった後、火砲は組み込まれているもう一つの装置である復座機により射撃前の位置に戻る。この動きを復座運動といい、緩衝機を組み合わせることにより、衝撃を緩和しつつ、火砲を元の位置に戻す働きをしている。今回の試験では、駐退機および復座機に圧力センサを取り付け、圧力センサの時間変化を取得することで、火砲の動きを計測している。

図３-４の配置により発射された弾丸は音速を超えている。このため、射撃では衝撃波が発生し、砲口からその周辺部へ拡がっていく。このような環境においてデータを確実に取得するためには、現象に適した測定範囲と耐久性を有するセンサを選択するとともに、計測系を構成する際にも注意、工夫が必要である。今回用いたセンサ類はすべて有線で増幅器やチャージアンプ、記録装置に接続されており、装置だけではなくケーブルについても爆風や衝撃波から保護した。また図３-７で示したようなケースでは、薬きょう内圧力を計測するためのケーブルが砲尾部の後・復座運動により切断されない配線にしている。射撃試験のほとんどが野外環境下で行うため、ケーブルの配線への配慮、工夫とともに、結線部分や各種装置の防水防じん対策が必要であり、室内で行う実験と大きく異なる点といえよう。

1.3　火砲の今後

最後に、将来の新しい火砲の研究例とそれに必要となる計測技術について触れる。

（1）電子熱化学砲

現在用いられている火砲は、火薬により発射薬を点火、燃焼させ、発生する燃焼ガスの膨張圧により弾丸を加速している。この発射薬の点火にプラズマを用いる火砲が電子熱化学砲である。電子熱化学砲の特徴は、発射薬の初期温度の違いによる弾丸速度の変化が小さい点[3-6]である。これは、発射薬の初期温度が高い場合や、低い場合（例えば、マイナス30度やプラス30度）であっても、発生した高温のプラズマにより発射薬全体が瞬時に加熱され、発射薬初期温度の違いによる燃焼全体への影響、ひいては弾丸速度への影響が非常に小さくなるためと推測されている。

図３-８　電子熱化学砲

図３-９　電磁砲

陸上装備研究所において研究に用いていた電子熱化学砲を図３-８に示す。電子熱化学砲では、プラズマを生成するためにパルス電流を用いており、大電流・高電圧の計測技術が必要となる。計測方法としては、電流値を計測するためにロゴスキーコイルを、電圧値を計測するためにパルス電流を電圧に変換可能なカレントモニタを用いている。

（2）電磁砲

発射薬の燃焼に伴う膨張圧により弾丸を加速するのではなく、電磁力により弾丸を加速する火砲である。この火砲の特徴は、火薬や発射薬といった引火の危険性のある物質を全く使用しない点である。また燃焼ガスによる弾丸の加速では、その最大速度に上限があるが、電磁力による加速は燃焼ガスの膨張速度の上限を超えた速度が可能とされている。米国では、海軍において研究[3-7]が進められている。**図3-9**は、陸上装備研究所において研究用に用いている小口径の電磁砲である。電子熱化学砲と同様、電磁砲においてもパルス電流を用いており、電子熱化学砲に比べて大電流・高電圧の計測技術が必要となるが、計測方法としては電子熱化学砲と同じ方式を用いている。

ここでは、火砲の基礎的事項とともに、火砲を用いた射撃試験に係る計測技術の一端を、実際の試験を例にとり紹介した。

火砲を含む火器に関する計測技術については、紙面の関係ですべての火砲計測技術が紹介できたわけではない。更なる興味をもたれた読者には、「火器弾薬技術ハンドブック」[3-3]をお勧めする。このハンドブックは、計測技術を含む火器弾薬技術全般が詳述されている国内唯一の専門書である。

2．小火器技術

小火器とは、火薬類の燃焼ガスの圧力によって飛しょう体（弾丸など）を射出する装置のうち小型なもので、通常、口径20mm未満の火器をいうが、最近では口径が大きいてき弾発射器などの個人携行火器を含める場合が多い[3-8]。小火器の歴史は火砲の発明とともに始まったと考えられるが、例えば14世紀の中頃にハンド・ガンと呼ばれる小銃と火砲の中間形態のものが出現しており、16世紀の終わり頃には小銃らしき形態に改良されている[3-9]。時代を経るごとに点火方式や装填方式、作動方式の発展がみられ、材料や加工技術も変わっていった。小火器の種類や構造および機能、歴史などは非常に多岐に及ぶため、ここでは小銃、拳銃、機関銃および短機関銃に絞り、主要な発達過程を通じて小火器技術の概要をまとめてみることにする。

2.1　小火器のはじまり

初期の火砲は、砲口から火薬を振り入れ、続いて石の弾丸を装填し、導火孔から鉄火箸、石炭または火縄で直接点火して発射させるものだった。このような火砲のうち、個人が携行できるように小型にしたものは、ハンド・キャノンあるいはハンド・ガンと呼ばれた。個人携行火器としての特徴を決定的にしたのは、15世紀中頃の火縄式発火装置（マッチロック）の普及であるといわれている[3-9]。火縄式発火装置は、金具に取り付けた火縄を、引き金を操作してバネ仕掛けで導火孔に押しつけて点火させるものである。これにより発射の操作が容易になり、目標に照準しつつ射撃するという行為ができるようになった。ただし、火種が必要であり、雨や湿気に弱いという欠点がある。その後、火打ち石式発火装置（フリントロック）、雷管式発火装置（パーカッション）と発火方式が進化して、携帯性と点火の確実性が向上してゆく（**図3-10**）。

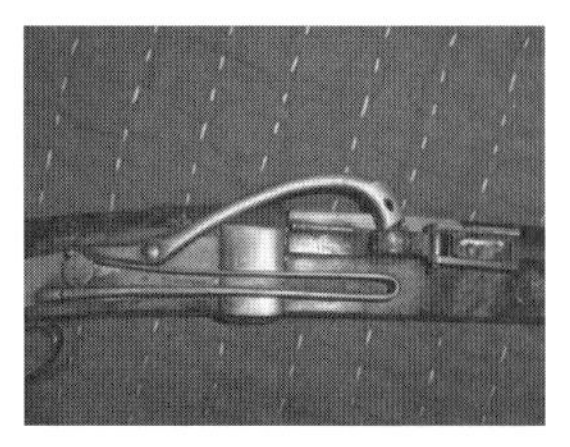

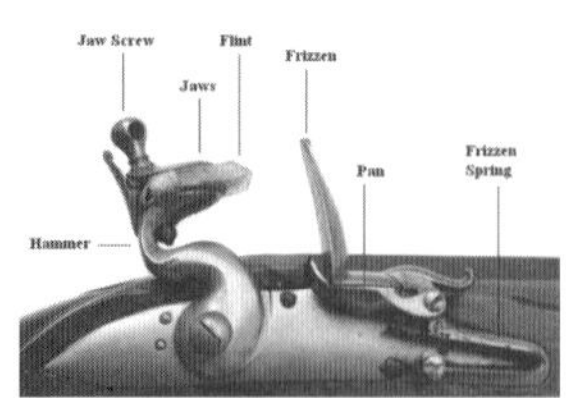

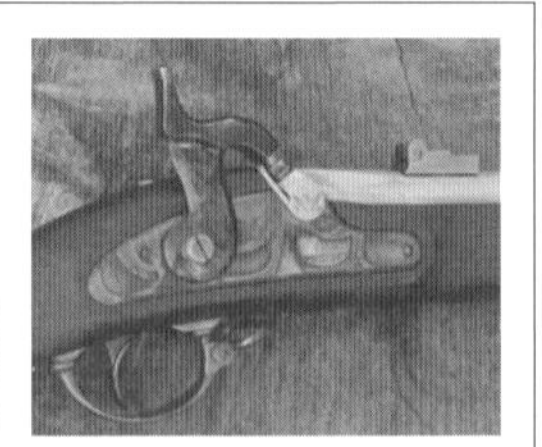

火縄式発火装置　火打ち石式発火装置　雷管式発火装置

図3-10[3-17]　発火装置の進化

2.2　小銃技術の発達過程

(1) ライフリングとミニエー弾の出現

銃身の内部に数本の溝（ライフリング）（**図3-11**）を施して弾丸に回転を与え、飛翔の安定性を向上させるアイデアが15世紀末から16世紀はじめにヨーロッパで生まれ、銃の命中精度が向上した。ライフリングを施した銃は滑腔（スムース・ボア）銃と区別してライフル銃と呼ばれるようになった[3-10]。しかし、この頃の銃は銃口から弾丸を装填する前装式であり、装填の際にライフリングに引っかかったり、食い込みにくかったりしたため、素早い装填を必要とされる軍用としてはスムース・ボアが重要視された[3-11]。ライフル銃は命中精度の良さから狩猟用として用いられていたようである。大きな転機となったのは、1852年にフランスでライフル銃への装填が容易なミニエー弾（**図3-12**）が発明されたことである。ミニエー弾は弾丸底部に窪みがあり、発射ガス圧でスカート状に広がることでライフリングに食い込む仕組みである。すなわち、銃口か

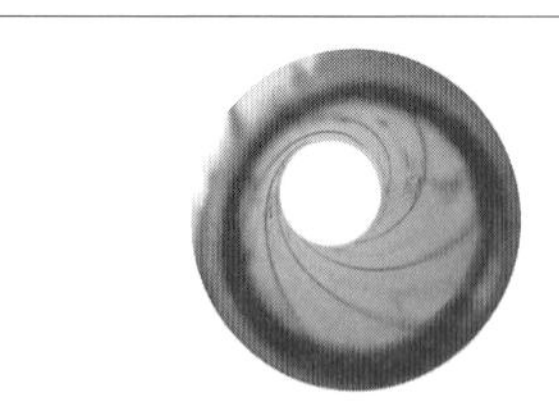

図3-11[3-17]　ライフリング

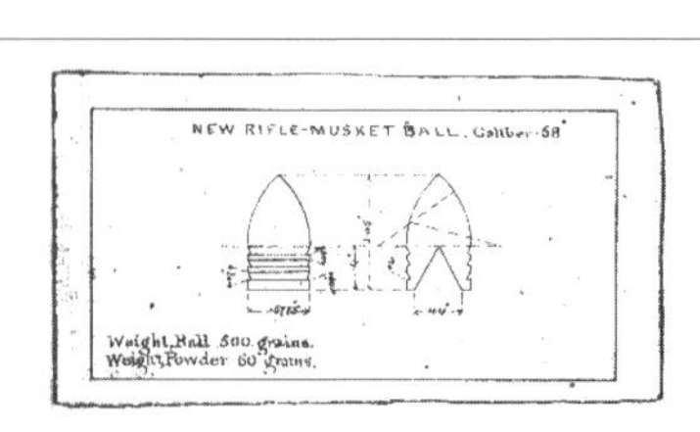

図3-12[3-17]　ミニエー弾

ら装填する時は銃身よりも径が小さいために容易に入り、発射時には発射ガスが漏れないように銃身に密着するのである。発明者のミニエー大尉がパテントを取らなかったこともあり、ライフル銃とミニエー弾は各国の軍隊へ急速に普及していった[3-11)]。これはライフリングの発明から300年以上も経過してからのことであった。

（2）後装式小銃と金属薬莢の出現

弾丸を銃身の後部から装填する後装式小銃は19世紀はじめに現れている。また1840年にプロシアのドライゼが開発したニードル銃（**図3-13**）は、ボルトハンドルを手動で操作してボルト（遊底）の閉鎖、開放を行うボルトアクション式と呼ばれる方式の原型であり、紙製薬莢と併用することで装填動作が容易になり、前装式から脱却するものであった。しかし、後装式は発射ガスが閉鎖部から漏れる危険性があったため、すぐには普及せず、前装式小銃が依然使用され続けた。小銃の後装式小銃が普及したのは金属製薬莢の採用によりガス緊塞に成功してからである[3-9)]。薬莢とは、装填を容易にするために弾丸、発射薬および雷管をひとまとめにする容器で、初期は紙や布で作られていたが、金属製にすることでガス緊塞の役割をもたせることができる。1866年にイギリスで採用されたシュナイダー銃は、ボクサー薬莢（**図3-14**）と呼ばれる黄銅製の薬莢を使用しており、この薬莢によりガス緊塞が確実となった。その後、前装式銃であるエンフィールド銃（1853年制式）が次々と後装式に改造されていった[3-9)]。このボクサー薬莢は、基本的な構造は現在の薬莢とほぼ同

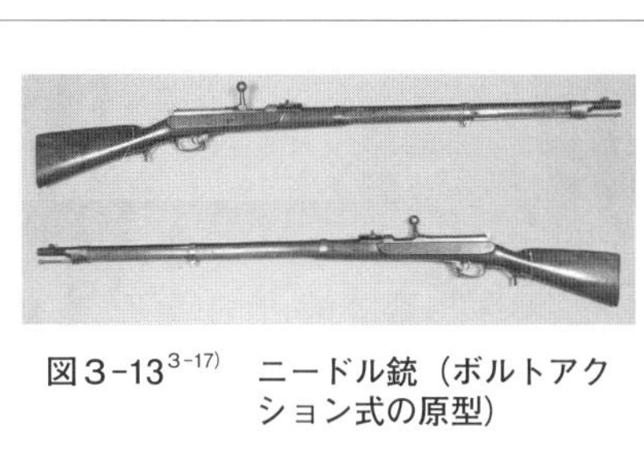

図3-13[3-17)]　**ニードル銃（ボルトアクション式の原型）**

図3-14[3-17)]　**ボクサー薬莢**

じである。わが国では明治政府軍新設の際に、諸藩が保有していた諸外国の前装銃を逐次後装銃に改造した他、明治13年（1880年）に国産の後装式銃である村田銃を制式化している。これはフランスのグラース銃（1874年制式）に似たボルトアクション式だが、撃発バネはオランダのボーモン銃（1871年制式）の形式をとっている[3-12]。

（3）連発式小銃の出現

金属製薬莢を使用するようになると、複数の弾薬を銃に格納して連発できるようになった。床尾（肩に当てる部分）内に格納する方式（1840年、スペンサー銃）や前部銃床（左手を添える部分）内に格納する方式（1866年、ヘンリー銃）等が考案された。これらは銃の下のレバーを操作して薬莢の排出と装填を行うものである。この連発式小銃の弾薬は、弾軸方向に複数発並べて格納する関係から拳銃弾程度の長さであり、軍用小銃として使用するには威力が低かった。また弾薬を格納場所に全弾装填するのには時間がかかってしまう。そのため、1873年にアメリカ軍で制式化したのは、拳銃と同一の弾薬を使用する連発式小銃（ウィンチェスターM73小銃、発射薬量40グレイン、装弾数12発）ではなく、弾薬の威力が大きい単発式小銃（スプリングフィールドM1873小銃、発射薬量70グレイン）であった[3-10]。1885年には、ボルト（遊底）のすぐ下に格納する弾倉がオーストリアのマンリッヒャーM1885小銃で採用された。床尾内や前部銃床内に格納する方式は1発ずつ装填しなければならないが、この方式は装弾子（クリップ）に留めた弾薬をいっきに装填することができる（図3-15）。

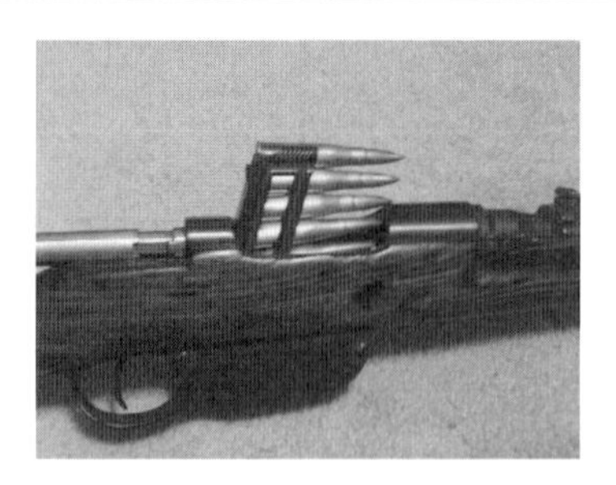

図3-15[3-17]　マンリッヒャー式弾倉への装填
（写真はステアーマンリッヒャーM1895小銃）

（4）無煙火薬の出現

1884年にフランスで発明された無煙火薬は、それまでの黒色火薬に比べて発射煙が低減し、連続的に射撃しても視界を妨げにくいという利点があった。また燃焼エネルギーが大きいため、弾丸をより高初速で撃ち出すことができ、威力が増加し、弾丸径を小さくすることができるようになった。初速が向上すると弾道が低伸し、高い命中精度と十分な射程を維持することができた[3-10]。無煙火薬を使用したフランスのルベルM1886小銃は口径８mmであり、黒色火薬を使用した以前の小銃（グラースM1874小銃、口径11mm）に比べ小口径化されている。この銃は前部銃床内に８発格納できる。ドイツでは1871年にモーゼルが完成させたボルトアクション式小銃に、この無煙火薬と前述したマンリッヒャー方式の弾倉を組み合わせたものを1888年に採用している。これはM1888小銃あるいはGew88小銃と呼ばれ、その後の各国の手動式小銃の標準となるモデルとなった。

（５）自動化

小銃の自動化は機関銃の発明（後述）よりも遅い。1918年にアメリカで開発されたブローニング・オートマチック・ライフルは、小銃ではなく分隊支援火器に分類されている。1925年にはアメリカでガーランドが半自動小銃を開発したが、米軍にＭ１小銃として採用されたのは1936年のことである。この作動方式は、ガス利用式である[3-10]。小銃の自動化が遅れたのは、当時、主流だったボルトアクション式小銃の性能が優れていて信頼されていたことと、自動化により小銃の重量が増加してしまうこと、そして機関銃や短機関銃の存在が自動小銃の必要性を低下させたことなどが挙げられる。

第２次世界大戦中には、ドイツで突撃銃（アサルトライフル）という概念が登場した。それまでの小銃弾よりも短い薬莢を使用して、多弾数を供給できる弾倉をもち、全自動と

図３−16[3-17]　StG44小銃（突撃銃の原型）

半自動で射撃できるStG44小銃（**図３-16**）が開発された。この小銃では口径7.92mmの小銃弾の薬莢長を57mmから33mmに短縮した弾薬を使用している。戦後、ソ連がこの概念を採用し、口径7.62mmの小銃弾の薬莢長を54mmから39mmに短縮した弾薬を用いたAK47小銃を制式化し、その後、世界の軍用小銃はアサルトライフルが主流となっていった。薬莢長が短いということは発射薬が少なく、反動が小さいため連射時のコントロールが容易という利点がある。また重量が小さいことから兵士がより多くの弾薬を携行できることになる。アメリカで1960年頃から開発されたM16小銃では口径を7.62mmから5.56mmに小さくすることで、反動を低減させ、連射の容易性を向上させた。

（６）材料の変化

小銃の材料としては、銃身や機関部は鋼鉄、銃床やグリップなどは木で製作されることが一般的だったが、1955年にアメリカで製作されたAR10小銃は、機関部にアルミニウム軽合金、銃床やグリップに耐久性の高いプラスチックを用いており、木製部品は一切使用されていなかった。この銃をもとに開発されたM16小銃が世界的に有名になると、プラスチックは他国の小銃でも使用されるようになった。プラスチックも改良が重ねられ、近年では強度を高めたファイバーポリマーが使用されている。木製銃床は湿気による歪みが発生するため、命中精度を追求するハンターや競技者たちは狙撃銃にグラスファイバー製銃床を使用している。

（７）近年の傾向

1970年代には西ドイツが薬莢を使用しない小銃の開発を始めた。発射薬を固めて弾丸を保持させる弾薬を使用するため、空薬莢の排出の必要がなく、連射速度を速くできる。G11小銃（**図３-17**）と呼ばれたこのケースレスライフルは1988年から部隊配備まで進めたものの、加熱した銃身による弾薬の自然発火（コック・オフ）事故が克服できず、製造コストが高いことから採用が断念された[3-13]。

図3-17[3-17]　G11小銃（ケースレスライフル）

図3-18[3-17]　XM29銃（OICW）

またアメリカで1990年代から研究されていたOICW（個人戦闘兵器計画）は、20mmてき弾発射器と5.56mm小銃が組み合わされた銃（XM29）（図3-18）に光学照準器、レーザ測距器、弾道コンピュータ等が組み込まれた統合照準装置が付加されている。照準した目標の頭上で空中炸裂する弾を射撃できることで注目されていたが、大型化や操作の煩雑さから実用性に疑問がもたれ、2004年に計画は中止されている[3-13]。

現在の小銃は銃床を折りたたみ式やスライド式にしてコンパクトにできるものや、銃身の短いモデル、銃身の長さを犠牲にすることなく全長を短くしたブルパップなどが使用されている。また光学照準器やレーザ照準器、ライトなどのオプション類を取り付けて使用されることが多く、取り付けレールがNATO標準化されている[3-14]。今後は小銃本体の技術革新ではなく、連接した周辺装置により能力向上を図る傾向にあると考えられる。わが国では、カメラを備えた電子照準具を取り付け可能な軽量化小銃が先進装具システムの研究の一部として試作されている[3-15]。

2.3　拳銃技術の発達過程

（1）回転式拳銃（リボルバー）の出現

拳銃は片手で射撃できる火器であり、初期の発達経過は小銃と同様であるが、連発式の拳銃は薬莢が使用される以前に出現している（図3-19）。複数の銃身

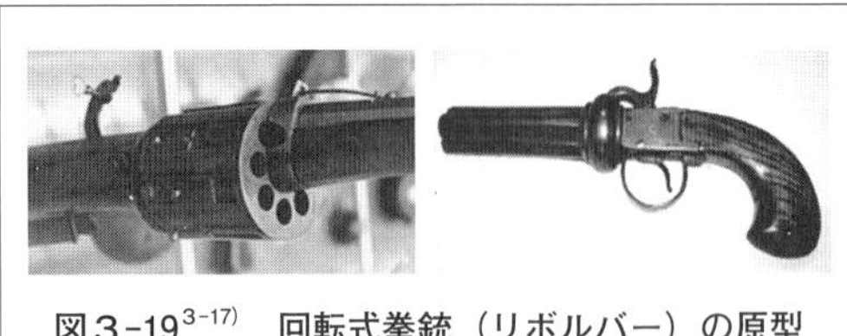
図3-19[3-17]　回転式拳銃（リボルバー）の原型

を束ねたものや、弾薬を詰める部分だけ回転式にしたものがあり、発射する弾薬が上側に位置するように回転させる構造から、回転式拳銃（リボルバー）と呼ばれる。装填した分は連発することができるが、再装填には火薬、弾丸および雷管を込める作業に手間と時間がかかった。薬莢が使用されるようになると、再装填の手間と時間は短縮された。1848年にはフランスで拳銃用の金属製薬莢が発明されている。射撃後の空薬莢を一気に排出する方法としては、1875年にスミス＆ウェッソン社が中折れ式（ブレーク・オープン）を採用し、1887年にコルト社がスイングアウト式を採用した。また初期の回転式拳銃は１発撃つごとにいちいち撃鉄を起こさなければならないシングル･アクション式であったが、1877年には撃鉄を起こさなくても引き金を引いて撃てるダブル・アクション式がコルト社で採用された[3-10]。

（2）自動化

1893年にはドイツで初の自動拳銃が実用化された〔ボーチャードC93拳銃（図3-20）〕。この作動方式は反動利用式の一種であるトグル・ロックと呼ばれ、この作動方式を踏襲して改良したものがルガーP08拳銃としてドイツ軍に採用されている。P08拳銃の使用する９mm拳銃弾が現在のNATO制式弾である。またアメリカでも1900年に反動利用式の自動拳銃が開発されている。これはその後、改良を重ね、M1911拳銃としてアメリカ軍に採用されている。反動利用式の他、自動拳銃で多く用いられる作動方式は吹戻し（ブローバック）式であり、薬莢に加わるガス圧によって直接、遊底（スライド）を後退させる方式である。自動拳銃はスライドが後退するときに撃鉄を自動的に起こすため、２発目以降はシングル・アクション式と同じである。ダブル・アクション式は射撃を中断するときに撃鉄を元に戻し（デコック）、安全な状態で持ち運び、そのまま引き金を引くだけで射撃できるという利点がある。自動拳銃でダブル・アクション式が初めて採用されたのは1929年にドイツで開発されたワルサーPP拳銃である。弾倉は当初は８発程度の弾薬を１列に装填するものであったが、1935年にベルギーで採用されたブローニング・ハイパワーM1935拳銃は２列に交互に装填するように工夫されたダブル・カアラム・マガジン（**図３-21**）を初めて装備し、13発の装弾数を有する[3-10]。自動拳銃の最大の利点は多弾数であり、それに加え、予備の弾倉を用意しておけば、すばやい再装填が可能である。

図３-20[3-17]　ボーチャードＣ93拳銃（初の自動拳銃）

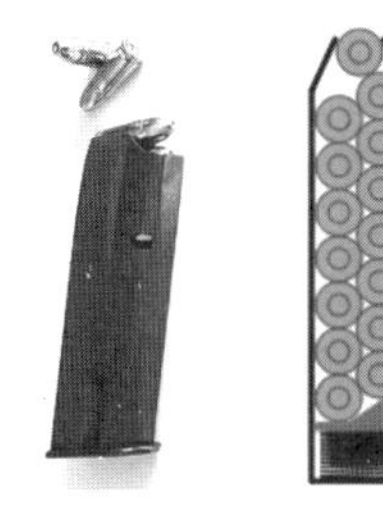

図３-21[3-17]　ダブル・カアラム・マガジン

図３-22[3-17]　グロック17拳銃

（３）材料の変化

拳銃の材料としては、鋼鉄が主であったが、1930年代末頃から軽量なアルミニウム合金の使用が研究され、1951年にはスミス&ウェッソン社のM37拳銃で採用されている。ただし、強度に対する不安から浸透するまでにはかなりの時間がかかったようである。また1965年には錆に強いステンレスが同社のM60拳銃に採用された。ステンレスは鋼鉄より加工が難しいが、手入れが容易な利点がある。そして、1979年にオーストリアで開発されたグロック17拳銃（**図３-22**）は、フレームや弾倉に硬質プラスチックが使用されていた。プラスチックでありながら優れた耐久性や耐熱性をもち、寒冷地でも手袋なしで操作できるという利点がある。これらの鋼鉄製以外の材料は、現在ではさまざまな拳銃に使用されている[3-10]。

2.4　機関銃技術の発達過程

図3-23[3-17)]　ガトリング銃

15世紀頃、銃身5本を束ねて木製砲架に搭載した前装銃が出現した。以降、各国において研究がなされたが、前装式であるため、発射速度は極めて遅く、大きな威力とならなかった[3-12)]。薬莢の排出と再装填を連続的に行う機関銃の起源は、1860年にアメリカで発明されたガトリング銃（**図3-23**）であるといえる。一軸の周囲に10本の銃身を集束し、手動でハンドルを操作して回転させることで、発射、排莢、装填を連続的に実施するものである[3-9)]。小銃と比べて多数の弾を連続的に発射できることから、圧倒的な火力となる。その後、反動利用式のマキシム機関銃が1884年に、ガス利用式のブローニング機関銃が1895年に発明された。反動利用式とは、弾丸の発射反動により後退しようとする力を利用して作動させる方式であり、現在でも12.7mm重機関銃で使用されている。ガス利用式とは、発射ガスの一部を銃身に設けられた穴からガス筒に導き、ガスピストンを後退させて作動させる方式であり、現在では機関銃の他、多くの自動小銃で使用されている。連続的に弾薬を送弾するためのベルトは当初は布で作成され、後に金属製ベルトリンクが作られた。連続的に射撃すると銃身が加熱するため、初期の機関銃は銃身のまわりに水タンクをつけて冷却する水冷式であった。水冷式は重量が大きく、戦場での水の確保が困難な場合があることから、後には空冷式機関銃が主流になっていった。

手動で作動させたガトリング銃は、動力を電動モータにして現代でもその作動方式が受け継がれている。口径7.62mmのM134機関銃はヘリに搭載して使用される。6本の銃身と機械的な作動により毎分2,000～6,000発の発射速度を実現している[3-10]。

2.5　短機関銃技術の発達過程

短機関銃（サブマシンガン）とは、拳銃弾を連射できる銃である。1915年にイタリアで制式化されたフィアットM1915（**図3-24**）は初の拳銃弾を使用するフルオートマチック銃であるが、個人携行火器ではなく、航空機等に搭載され使用されていたようである。手で持って射撃する現在の形に近い短機関銃は、1918年にドイツで制式化されたMP18短機関銃（**図3-25**）である。口径は9mm、装弾数は32発、単純な吹戻し（ブローバック）式で作動する。拳銃弾は小銃や機関銃で使用する弾薬よりも反動が小さいため、銃の構造も簡略化でき、重量が軽く、大量生産に向いている。有効射程は小銃や機関銃よりも短いものの、ジャングルや塹壕での戦闘において大きな効果を発揮したため、第2次世界大戦中は各国とも短機関銃を採用している。短機関銃は銃身の加熱防止のために薬室開放状態から射撃されるオープンボルト方式が多いが、1966年にドイツで開発されたMP5短機関銃は薬室閉鎖状態から射撃するクローズドボルト方式を採用しており、命中精度が高い。この銃は特殊部隊の人質救出作戦で活躍した実績から、現在では各国の警察や特殊部隊で対テロ戦や要人警護などの作戦で使用されている[3-10]。

図3-24[3-17]　フィアットM1915

図3-25[3-17]　MP18短機関銃

2.6　作動方式について

自動銃は、弾丸が銃口を飛び出すよりも前に遊底が後退して薬室が開放されてしまうと、高圧ガスが射手に吹き出てしまう危険があるため、一定時間は遊底が後退しないような機構と併せて採用されることが多い。自動銃の作動方式について、反動利用式、ガス利用式、吹戻し式の三つを紹介したが、それぞれの特徴を述べる。

反動利用式は発射の反動力で遊底を銃身と結合した状態で一定距離だけ後退させたのちに結合を解き、さらに遊底を単独で動かすことによって作動させる方式であるため、銃身が前後に動く特徴がある。発射ガスのエネルギーが小さい拳銃からエネルギーの大きい重機関銃まで幅広く採用されている。

ガス利用式は、銃身にガス漏孔を設けて、発射ガスの一部を取り出し、その圧力によって作動させる方式であり、閉鎖機構と組み合わせて使用される。弾丸が銃身のガス漏孔部分を通過するまでは閉鎖機構により遊底が後退しないため、発射ガスのエネルギーが大きい小銃や機関銃で多く使用される。

吹戻し式は遊底の慣性と複座ばねの力だけで弾丸が銃身を出るまでの間、閉鎖状態を維持するため、構造が非常に簡単であるが、発射ガスのエネルギーが小さい拳銃弾を用いる火器にしか適さない。小銃弾を用いる場合は薬室の開放を遅延させる閉鎖機構と組み合わせることがある[3-16]。

小火器は歴史に登場して以来、種類、作動方式など多種多様に発達してきたといえる。今回ここでまとめたものはごく一部であり、関連技術の発達経過の概要を紹介しただけに過ぎない。記述した名称は国内での呼称の一例であり、文献によっては異なる場合がある。また年号は開発時期や採用した経緯から実際にはズレがある可能性をご了承いただきたい。

3．弾頭技術の基礎

弾頭は主として弾殻、さく薬および信管（起爆装置）からできている。これらは**図３-26**に掲げるような誘導弾（ミサイル）や爆弾、砲弾、魚雷などに搭載され、攻撃目標に向かって推進してゆく。そして、攻撃目標に命中またはその近傍で爆発し、敵に打撃を与える。その効果は誘導弾が狙ったところへ飛んでいく確率と、そこで弾頭が爆発したときの威力との掛け算になる。

これまでに地上から発射される対空誘導弾や、戦闘機から発射される対艦誘導弾、155mmりゅう弾砲から発射される砲弾など、さまざまなタイプの弾頭が開発されてきた。弾頭の技術開発では非常に重要となる点が二つある。一つは敵に対して脅威であること、もう一つは味方に対して脅威でないこと、つまり安全であることである。これらの点を重視して弾頭は開発されているが、威力については成熟期を過ぎた技術として捉えられ、安全については軽視される傾向がある。しかしこれらの技術に軽重はなく、開発においては常にこの二つの事柄を心掛ける必要がある。

防衛省・自衛隊が装備する弾頭は通常弾（conventional warhead）と称されているタイプのものであり、高エネルギーのさく薬を充填している。他方、海外では弾頭に核兵器や生物化学兵器、クラスター弾などが使用されている場合

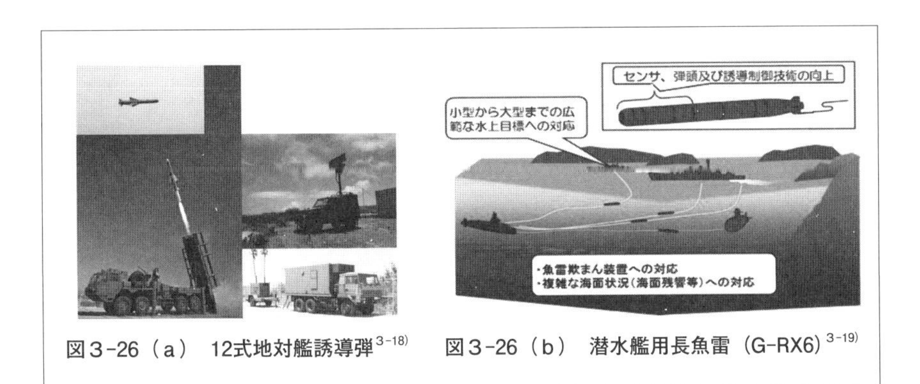

図３-26（a）　12式地対艦誘導弾[3-18]　図３-26（b）　潜水艦用長魚雷（G-RX6）[3-19]

があるが、これらは国際原子力機関（IAEA）や、化学兵器禁止条約（CWC）、生物兵器禁止条約（BWC）、オスロ条約などにおいて製造、保管および運用などが制限または禁止されている[3-20)～3-23)]。このため、現在、防衛省・自衛隊においては研究開発の対象にしていない。

3.1　爆風と破片の比較

弾頭の打撃力は爆風による圧力と破片による貫徹力が主となる。この爆風圧と破片の貫徹力は、どちらの方がより効果的となるのかについて以下に述べる。

（1）爆風圧

弾頭が起爆すると衝撃波、爆風圧が発生する。衝撃波、爆風圧については地下壕や建造物内、艦艇内、海水中など気密性の高い空間において、より高い効果が期待される。米陸軍はアフガニスタンにおいて塹ごうにいる敵兵士を攻撃するためサーモバリック弾を運用したと報じられた[3-24)]。サーモバリック弾は爆風圧による打撃力が大きいことが特徴であり、塹ごうなど閉じた空間において威力を発揮する。またバンカーバスター弾を運用して、地下サイロを攻撃したとも報じられている[3-25)]。バンカーバスター弾の弾頭は外壁を貫通し、地下サイロ内部において爆発するタイプの弾頭である。

弾頭の爆風圧を大きくするためには弾殻に高張力鋼など硬い材質を使用し、その内部に高エネルギーのさく薬を充てんする必要がある。さく薬には爆ごう速度が大きく、多量のガスを放出し、爆発温度が高い化学成分が選ばれる。有名な爆薬としてはニトロ化合物があり、その代表格はTNTやニトログリセリンである。しかしながら1960年代頃から、より安全で、爆発力の大きなニトラミン系爆薬が登場してきた。また最近では、ニトラミン系PBXとして、HMX、RDXなどを主成分としアルミニウムを添加したものが主流となっている。かつて米国では、より高いエネルギーをもった新たな爆薬の研究が行われてきたが、現在では威力よりも安全性を重視した研究が行われている[3-26)～3-28)]。

(2) 破片の貫徹力

弾頭を起爆させると破片が飛び散るが、これは衝撃波や爆風圧により、弾殻が断片化されて破片になったものである。この破片の質量と速度が大きい程、破片の貫徹力は大きくなる。

破片の大きさや質量は大小さまざまであり、大きな破片は数十グラム程度のものから、小さな破片は砂粒以下のものまで存在する。あまり小さな破片では威力が乏しいため、破片が小さいものばかりになると、多くの破片が発生したとしても弾頭全体の威力は小さくなってしまう。このため弾頭全体の破片の貫徹力については、弾頭が起爆した際の破片質量の分布がどのようになるのかが重要となる。一般に、破片の質量と数量はワイブル分布で近似することができるといわれている[3-29]。実験的には、水中で弾頭を起爆し生成した破片を回収しその質量と数量を計測することでデータを得ることができる[3-29]。これは大気中と違って水中では抵抗が大きくなり破片を回収しやすくなるためであり、この方法であれば質量比として、弾頭全体の90%程度の破片を回収することが可能となっている。

次に破片の速度について考えてみる。**図3-27**に典型的な誘導弾の弾頭モデルを図解した。ここで、「破片は、弾殻と垂直方向に飛散する」という原則論(詳しくはテイラー角で飛散)に従うとすれば、図3-27に描くとおり、それぞれの破片は各ベクトルの向きと大きさをもって飛び散ることとなる。子細にみてみると、ある部分における弾殻の厚さとさく薬の量の違いにより、破片は異なる速度で飛んでいくこととなる[3-30), 3-31]。

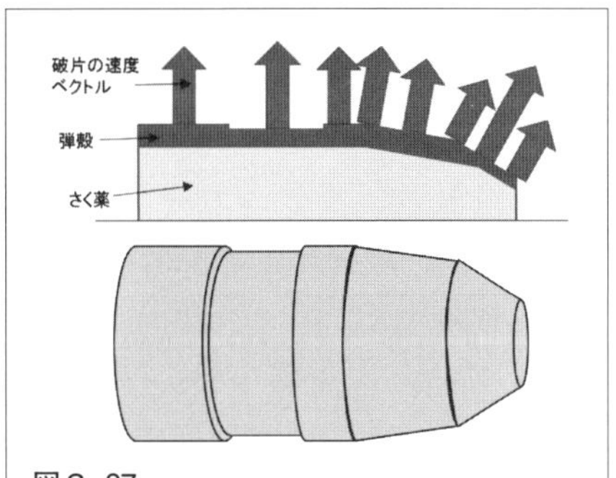

図3-27
典型的な弾頭モデル:弾頭を起爆させると破片が発生する。この破片は弾殻とほぼ垂直に飛散する。また弾殻の厚さやC/M比により破片の速度が異なる。

また破片の飛散方向について考えてみる。**図3-28**は弾頭の周囲に広がる仮想の天球の一部を切り取った

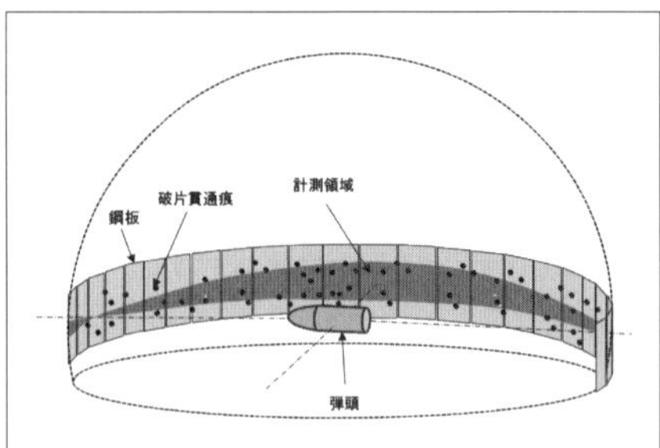

図3-28
弾頭の散飛界の模式図：弾頭を起爆させると破片が発生する。この破片の飛散する方向と貫徹数に関するデータを取得するための試験が散飛界試験である。図中の「計測領域」内にある破片の貫徹痕を計数し、これを全周に換算して貫徹破片の総数を求める。

模式図であり、前後に非対称の弾頭の場合、破片は四方八方に均一に飛び散ることはなく、ある方向に偏った飛び散り方をすることとなる[3-30), 3-31)]。

爆風と破片のどちらが有効となるかについては次に述べるとおりとなる。地下ごう、建造物内、艦艇内部、水中など気密性の高い区画を破壊する場合には圧力があまり逃げないため、爆風の効果が大きくなる。他方、航空機や誘導武器、地上に展開する部隊など開放空間にある目標を攻撃する場合には破片の貫徹力の効果が大きくなる。以上のように、どのような攻撃目標に対して打撃力を与えるのかによって、必要とされる弾頭のタイプも異なってくることとなる。

3.2　弾頭破片貫徹力の強化

前節において弾頭の起爆により大小さまざまな質量の破片が発生することを述べたが、意図的に有効となる破片を多く発生させ、弾頭全体の破片貫徹力を強化するように作られた弾頭も存在する。このタイプの弾頭は調整破片弾と称されている。**図3-29**に調整破片弾のモデルを図示する。図3-29に描いたように、調整破片弾においては円周上に大きさを揃えた破片が並べてつくられている。この破片の質量は1個あたりおおよそ数グラム程度である。これは敵のミサイルや戦闘機、軽装甲車両部隊に対して有効な打撃を与えることができる質量であり、調整破片弾は戦闘機やミサイルなどに打撃を与える弾頭として選ばれている。このように、あらかじめ破片の大きさを揃えた弾頭（調整破片弾）であれば、発生した破片の大きさのバラツキによって、有効な打撃を与えられなくなることも防げるであろう。

また破片の貫徹力を大きくするためには、どうしたら良いのか。調整破片弾では破片の総質量は決まっているので、破片１個の質量を大きくすると破片の総数は小さくなる。破片の質量と数量はトレードオフの関係になっているのである。貫徹力を高める方法として破片の速度を大きくする方法がある。図３-29には二つの弾頭モデルを図示している。弾頭Aは太く短いタイプであり、弾頭Bは細く長いタイプであるが、どちらも弾頭側面の面積は同じとなっており、整然と並べることができる破片は同数になっている。このとき、弾頭Aと弾頭Bのうち、どちらの弾頭が破片の速度が大きくなるのか。答えは弾頭Aであり、弾頭Aの方が威力は大きいこととなる。しかし実際には、弾頭は誘導弾に搭載するため、その直径は誘導弾の大きさに制約されてしまう。このため弾頭の開発においては起爆装置を工夫する（複数点起爆等）ことなどにより、特定方向に破片を多く飛しょうさせる、特定方向の破片速度を大きくするなどして、破片の貫徹力の強化を行うこととなる。

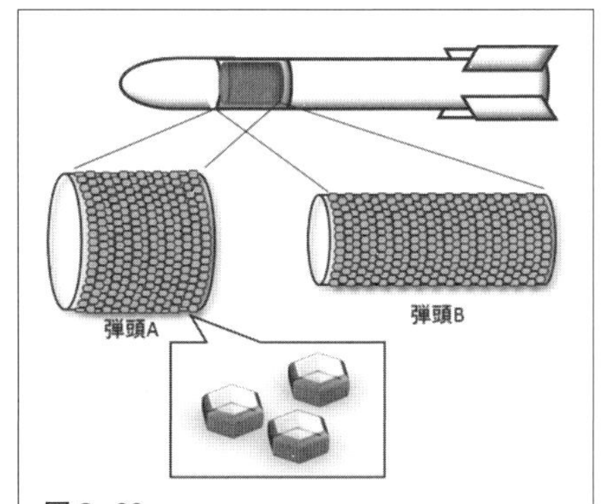

図３-29
誘導弾に搭載する調整破片弾の模式図：調整破片弾は英語でpremade fragment warheadと称されるとおり、さく薬の周りに一定の大きさの破片を並べた形態をしている。この破片の質量は、敵戦闘機など攻撃目標を破壊するために必要かつ最小の質量であり、貫徹力と破片密度を両立している。

3.3　リーサルエリアの拡大

ここまで、弾頭の爆風圧と破片の貫徹力について解説してきたが、これら以外にも弾頭の技術についてはリーサルエリアを広げる方法について検討を行う必要がある。リーサルエリアとは、弾頭が起爆した際にどれだけの損傷を与えることができるかを示す指標であり、目標が撃破される確率をその面積で積分したものである[3-29]。

誘導弾はGPSや慣性航法装置、画像、レーダなどを駆使して攻撃目標の位置を特定する。かつては、湾岸戦争において米軍が運用したトマホークなどが精密攻撃兵器として注目された。ただし、これらの精密攻撃兵器の目標は敵兵士が潜伏している建造物やミサイル発射装置などであり、いずれも動かない目標、固定目標であった。しかしながら、近年では部隊・兵士の機動性が高まり、ミサイル発射装置は装輪車両に搭載されて移動できるようになるなど誘導弾の命中精度が悪化する要因が増えつつある。こうした戦術環境の変化を見据えた場合、リーサルエリアを広げることができる弾頭を搭載しておけば、もし特定した攻撃目標位置と実際の位置が大きくずれ誘導弾のミスディスタンスが大きくなったとしても、敵に有効な打撃力を与えることが期待できるようになる。

リーサルエリアを広げるためには、攻撃目標に対して有効な破片（速度と質量を持つ）を指向させることが重要となる。弾頭より発生した破片が速度を保ったまま飛しょうすることができれば、攻撃目標に対して有効となる距離も大きくなりリーサルエリアが広がることとなる。そのような弾頭としてEFP弾頭がある。EFPとはExplosively Formed Penetratorの頭文字を取った略称であり、爆発成形貫徹体と和訳することができる。

EFP弾頭を図解したものを**図３-30**にのせる。EFP弾頭の特徴は、そのスタンドオフ（起爆点と目標との距離）と貫徹力の大きさにある[3-29]。これまでに述べてきた弾頭は攻撃目標に直撃する、またはその近傍で起爆することにより期待する効果を得るタイプの弾頭であった。しかしながらどちらの弾頭も、スタンドオフが大きくなり過ぎると期待する効果を得ることができなくなる。それは爆風圧は距離の1.2～２乗に反比例して減衰し、破片は

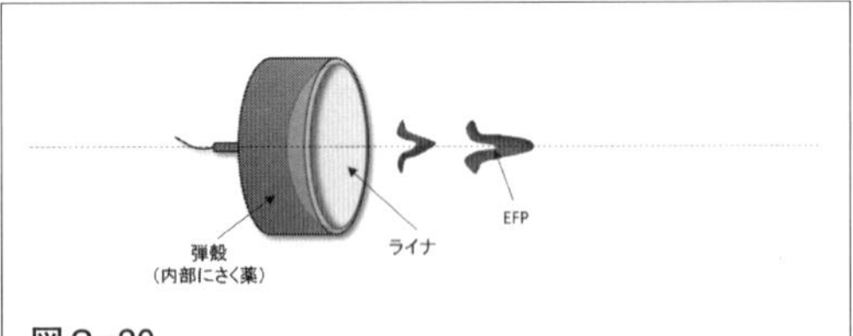

図３-30
EFP弾頭の模式図：EFP弾頭はライナ、さく薬、弾殻からできている。さく薬が起爆するとライナが崩壊してEFPを生成し、これが徹甲弾のように飛しょうして攻撃目標を破壊する。

空気抵抗を受けて失速してしまうためである（詳細な式については参考文献[3-29]を参照)。しかしEFPはスタンドオフが大きくても、目標を貫徹する力をもち続けている。専門的な解説は割愛するが、これはマイゼン・シュレーディン効果（Misznay-Schardin Effect）を応用して、さく薬のエネルギーを効率良くEFPに与えているからだといわれている。なお、この技術を誘導弾以外に応用した兵器として、IED（即製爆発装置）がある。多少、加工精度が悪くても、ある程度の威力を発揮することからテロリストなどにも悪用されている。

EFP弾頭の長所をこれまで述べてきたが、短所としては散布される破片密度が小さいことがあげられる。これを補うための技術のひとつが、ひとつの弾頭に複数のEFPを配置させたマルチEFP弾頭である。マルチEFP弾頭では複数の破片が飛しょうし、散布密度が大きくなりリーサルエリアが広がることとなる。しかし、複数のEFPを配置させた場合はさく薬の総エネルギー量は同一であるため、単独のEFPについては貫徹力が減少してしまう。このため、いかにEFPの貫徹力を保ったまま密度を高くするかが技術課題としてあげられることとなる。

以上、弾頭の威力について解説した。将来の弾頭について防衛環境を概観し、特に技術的視座から論考してみれば、リーサルエリアの拡大と安全性の二つが重要な技術であると考えられる。この二つの命題に対して、弾頭の設計・製造・品質管理を強みとする企業と、弾頭の試験評価とこれに基づく防衛構想を強みとする技術研究本部とが民生・防衛の連携を強化することにより、それぞれの叡智を結集した優れた弾頭の創製を行うことができるものと思われる。これからは、それぞれの研究課題について、その解明に向けた取組を進めていくことが必要となる。

4. 弾薬の安全化技術 ―燃えない弾薬を目指して―

「火薬庫のそばで火遊びをするようなものだ」というフレーズがある。明白に危険なことをすることの例えであり、多くの人にとって、爆薬や発射薬のような火薬類は火を近づけただけですぐに爆発を起こすイメージがある。実際は、現在使用されている産業用や軍用の火薬を少量採って着火しても激しく燃え上がるだけにとどまり、爆発に至ることは少ない。火薬を密閉する、あるいは隣接して保管しておくような状況にしておくと大きな災害につながる。つまり火薬庫の事故は、火遊びによる火薬への着火に引き続いて誘爆や延焼が起きるため大きな災害が生じるのである。

弾薬は火薬類の中でも、着火あるいは発火しやすい状況に置かれることが多い。特に運用の観点から熱や衝撃に耐えることといった技術、つまり特別な環境下における安全化技術が必要とされる。

本項では弾薬の安全化技術のうち、外部から熱や衝撃を受けたときの反応を抑制することによって安全化を図る技術、いわゆるIM（Insensitive Munition：低感度弾薬）化技術について紹介する。

4.1 弾薬類の事故の歴史

火薬類は高エネルギー物質として、その威力は、産業の発展に大きな貢献をするとともに、軍事分野において弾薬として主要な位置を占めてきた。しかし、火薬類自体のエネルギーの高さ、敏感さゆえに火薬類の歴史は事故の歴史と歩みをそろえてきた。

火薬類に関するもっとも古い事故の例としては、中国で五代から宋初期の頃に発行された「真元妙道要略」という道教の書物に「有以硫黄、雄黄合硝石、并蜜焼之、焰起焼手面、及燼屋舎者（硫黄、硫化ヒ素及び硝石を合わせて、密にして焼いたところ、炎が上がり、顔や手足に火傷を負い、家屋焼失に及ぶ者あり)」との表記が見られる[3-32]。

時が経つに従って火薬類は、より高エネルギーなものが大量に使用されるようになった。その結果、火薬を伴う事故が生じるとその被害は甚大となった。

1654年には、オランダのデルフトの火薬庫事故で100人以上の死者をもたらす事故が発生した(**図3-31**)。これは火薬庫の扉を開けた瞬間に発生したといわれており、火花の発生が原因と推定される[3-33]。

図3-31　爆発後のデルフトの景色
(Egbert van der Poel, 1654)[3-34]

1769年にはイタリアのブレシアで約3,000人[3-35]、1856年にはギリシャのロドス島にて約4,000人[3-36]の、いずれも落雷が原因と思われる弾薬用黒色火薬の爆発で死者が出る惨事となった。わが国においては、戦艦三笠は日本海海戦において113名の戦死者を出したが、戦争直後の佐世保港における弾薬庫爆発事故では戦闘時の死者数をはるかに上回る339名の事故死者を出している。この事故の原因としては、弾薬に充填された下瀬火薬(ピクリン酸)の変質、発火ともいわれている[3-37]。

近年においても、湾岸戦争におけるキャンプドーハで1991年7月11日に発生した事故では、弾薬運搬車に搭載された発射薬が火災を起こし、それをきっかけにして激しい爆発・燃焼が約6時間も続いた。この事故で劣化ウラン弾や劣化ウラン装甲を施した戦車などが破壊され、数トン分の劣化ウランの酸化物が周囲に拡散した。被害は死者3名、被害額約42億円に上った[3-38]。

小さなきっかけが、いかにして大きな被害へ発展するのか。弾薬など火薬類の事故における被害の拡大の構図は、中国の例のように敏感な火薬類を熱した結果、発火して火が周囲に燃え移ったという流れは分かりやすい。しかし、その他の例についても最近の事故に至るまで、火花や落雷、人的なミスによって生じた熱や衝撃をきっかけとして発火・起爆し、続いて誘爆・延焼が起きたことにより被害が拡大しているという仕組みに大きな差違はない。こうした被害の拡大を防止または局限化するための考え方がIM化である。

IMは、米軍規格MIL-STD-2105Ｄに“要求に応じて、(規定された) 性能、即応性、運用上の必要条件を確実に満たすとともに、予期しない刺激にさらされたとき、不期着火の可能性や兵器プラットフォーム（人員を含む）に対する２次被害の激しさを最小限にする弾薬”と定義されている。

つまり事故の発生および被害の拡大を防ぐためには、弾薬を熱や衝撃を受けても容易に発火・起爆せず、さらに誘爆・延焼しにくい性質に（IM化）すればよい。キャンプドーハの事故についても弾薬が十分にIM化されていれば、被害額は約0.3億円、死者はなかったものと試算される。

4.2　弾薬のIM化の基準

ニトログリセリンを衝撃に対して安全化したダイナマイトが、産業の飛躍に大きく貢献した。現在では、より取扱いが安全な硝安油剤爆薬（ANFO爆薬)、エマルジョン爆薬が主流となって使用されている。しかしながら、弾薬のIM化はおおむね威力の低下などの変化を招く。そこで弾薬のIM化設計においては、まず被害拡大防止に必要となる基準を設け、この基準を見据えながら性能を追求するといった手順を踏む必要がある。

IM化の基準については各国で積極的に検討されている。米国では、2001年に装備品の安全性に関するUSC（合衆国法典）が制定され、開発および調達する弾薬に関して安全性の確保をする旨の内容が盛り込まれた。

欧州においてはNATOに2003年に弾薬安全性グループ（AC／326）が設立され、2004年にはNATO弾火薬類安全性情報分析センター（MISIAC）が設置され、NATOおよび友好国に対して弾薬の安全化に関する技術的な助言を実施している。これらの枠組みにおいて、必要とされるIM化の基準について相互運用も踏まえた共通の基準が検討されている。検討された基準はSTANAG（Standardized Agreement NATO規格）として規定されている。米軍においてもIMの規格であるMIL-STD-2105Ｄの中にSTANAGを引用し、試験方法と基準の共通化を図っている。

上述のとおり、弾薬の災害で最も大きな脅威は「被害が被害を呼ぶ」ことによる被害の連鎖・拡大である。被害の連鎖・拡大を防ぐためには、弾薬には次のような条件が必要と考えられる。

①弾薬は成形さく薬ジェットおよび殉爆を受け、爆発して破片を生じることがあっても部分的にも爆ごうを生じず、周囲の弾薬に過大な衝撃を与えない。
②弾薬は爆発による破片や弾丸を受けても燃焼して火災を生じるにとどまり、爆発あるいは爆燃して周囲に破片や衝撃を与えない。
③弾薬は火炎や熱にさらされても、消防等の初動対処に必要な時間は燃焼するにとどまるか無反応であり、対処要員に有害な爆発・爆燃を生じない。

弾薬を伴う災害はこれら三つの条件を守ることで防止ないしは局限化できる。

4.3　IM化の評価方法

弾薬が刺激を受けた場合の反応形態はMIL-STD-2105Ｄに以下のとおり区分が規定されており、観察される破壊状況はおおむね**表３-２**に示すとおりである。

弾薬が前項の条件を満たしているかを評価するために使用されるIM試験の仕様と要求事項は、**表３-３**

表３-２　反応指数

反応指数	現象の区分	観察される金属容器（弾殻、薬莢）の破壊状況例
タイプⅠ	爆ごう	容器はすべて小破片化。
タイプⅡ	部分爆ごう	容器はすべて破片化し、一部は小破片化。
タイプⅢ	爆発	容器はすべて破片化するも、小破片化せず。容器の大きな破損。
タイプⅣ	爆燃	容器は破損し、一部は破片化。
タイプⅤ	燃焼	容器は炎により破損または部材の分離があっても、推進力による破片は生じない。
タイプⅥ	無反応	容器は発煙・焦げ目が付くことがあっても、炎を生じない。

表３－３　ＩＭ試験の仕様と要求事項

想定脅威	ＩＭ試験名称と仕様（ＳＴＡＮＡＧ）	要求
火薬庫、貯蔵所、航空機または車両の燃料火災	ファストクックオフ（高速加熱）試験 ＳＴＡＮＡＧ４２４０	燃焼（タイプⅤ）より激しい反応がないこと。
隣接した火薬庫、貯蔵所または車両の火災	スロークックオフ（低速加熱）試験 ＳＴＡＮＡＧ４３８２	
小型小口径火器による攻撃	銃撃感度試験 ＳＴＡＮＡＧ４２４１	
破片式弾薬類による攻撃	破片感度試験 ＳＴＡＮＡＧ４４９６	
成形弾頭を有する武器による攻撃	ジェット感度試験 ＳＴＡＮＡＧ４５２６	爆発（タイプⅢ）より激しい反応がないこと。
火薬庫、貯蔵所、航空機または車両内での同種弾薬の最も激しい反応	殉爆試験 ＳＴＡＮＡＧ４３９６０	

に示すとおりである。

それぞれの試験方法の概要は次のとおりである。

（１）ファストクックオフ試験（図３-32）

ファストクックオフ試験は外部から急速に加熱された場合の弾薬の反応を調べるもので、火薬庫・貯蔵所・航空機・車両燃料の火災を想定した試験であり、急激な温度上昇に対する試験弾薬の反応を見るものである。試験方法は液体燃料の炎で試験弾薬を包み、時間の関数として試験弾薬の温度および反応状況を記録する。

（２）スロークックオフ試験（図３-33）

スロークックオフ試験は外部から長い時間継続して加熱された場合の弾薬の反応を調べるもので、隣接した火薬庫・貯蔵所・車両内での火災を想定した試験であり、非常に遅い温度上昇に対する弾薬の反応を見るものである。試験方法は試験容器内に試験弾薬を設置し、熱風等を用いて徐々に温度を上昇し、試験弾薬の温度および圧力変化、破壊状況を記録する。

（3）銃撃感度試験（図３-34）

銃撃感度試験は銃弾が衝突した場合の弾薬の反応を調べるもので、小口径火器による被弾を想定した試験であり、貫通性の高い弾丸が高速で弾着した時の試験弾薬の反応状況を確認する試験である。試験方法は試験弾薬に対して、所定の着速となるように徹甲弾を射撃し、爆風圧力および破壊状況を記録する。

（4）破片衝撃感度試験（図３-34）

破片衝撃感度試験は高速の破片が衝突した場合の弾薬の反応を調べるもので、弾薬からの破片による被弾を想定した試験であり、高速の弾殻等の破片が衝突した場合の反応状況を確認する試験である。試験方法は試験弾薬に対して、所定の着速となるように破片模擬弾を射撃し、爆風圧力および破壊状況を記録する。

（5）成形さく薬ジェット衝撃感度試験（図３-35）

成形さく薬ジェット衝撃感度試験は成形さく薬のジェットが衝突したときの弾薬の反応を調べるもので、成形さく薬弾による被弾を想定した試験であり、成形さく薬ジェットの衝突を受けた場合の試験弾薬の反応状態を確認する試験である。試験方法は試験弾薬に対して、一定のスタンドオフを取った状態で成形さく薬を起爆し、破壊状況を記録する。

（6）殉爆試験（図３-36）

殉爆試験は隣接する弾薬が起爆した時の弾薬の反応を調べるもので、火薬庫・貯蔵所・航空機・車両内での誘爆を想定した試験であり、集積した弾薬のうち一つが爆ごうしたとき、この爆ごうが他の試験弾薬に伝搬する可能性を評価する試験である。試験方法は起爆用弾薬となる供与体を中心に、２個以上（３個が望ましい）の試験用弾薬である受容体とダミーである不活性受容体で周囲を囲み、供与体を起爆して、受容体と不活性受容体の反応および破壊状況を記録する。

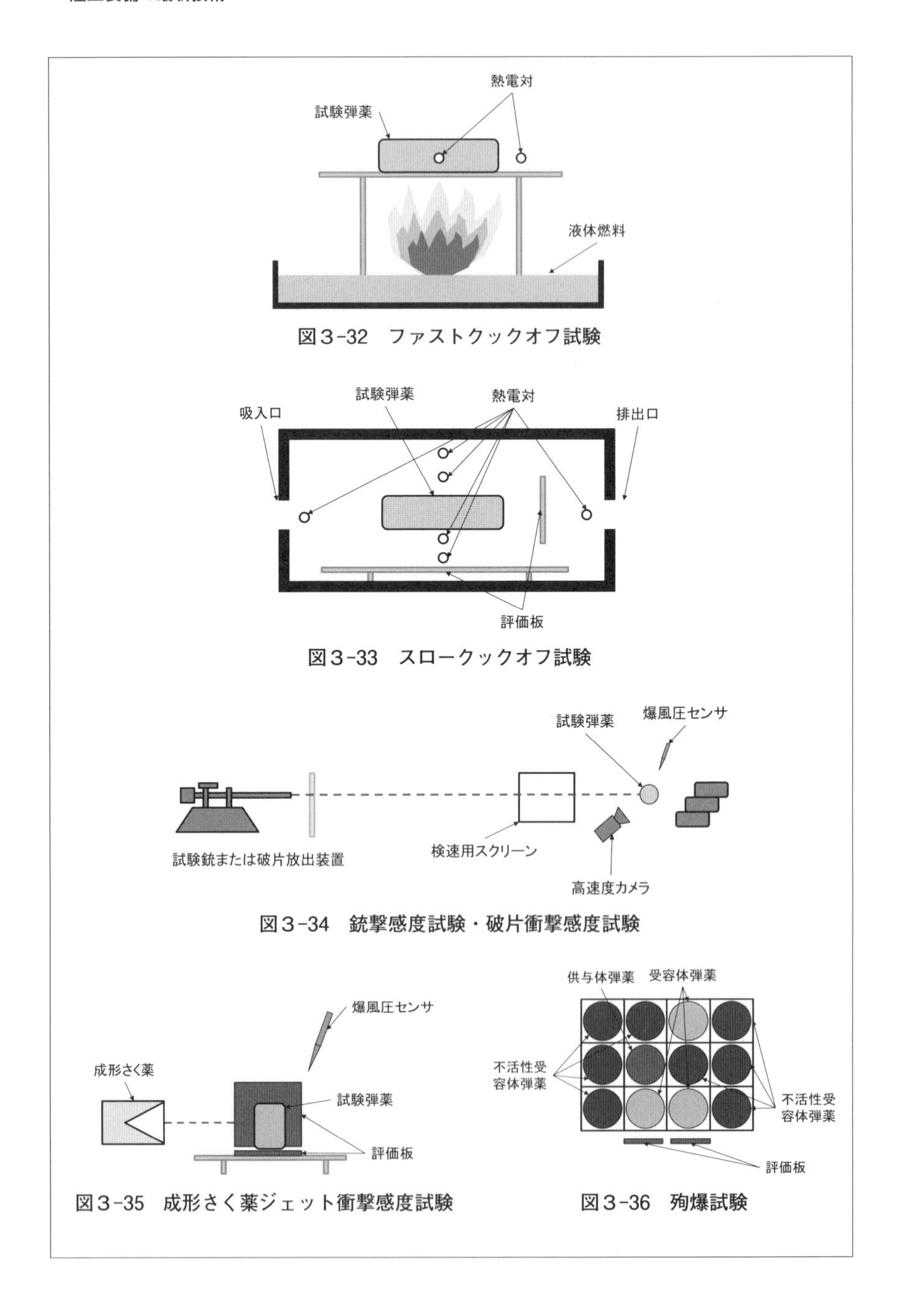

図３-32　ファストクックオフ試験

図３-33　スロークックオフ試験

図３-34　銃撃感度試験・破片衝撃感度試験

図３-35　成形さく薬ジェット衝撃感度試験

図３-36　殉爆試験

弾薬の集積場所において、攻撃や火災が生じた場合、もっとも脅威の高い殉爆や成形さく薬ジェットによる衝撃によっても、弾薬が爆ごうに至らなければ、爆ごうが爆ごうを誘うことなく、被害範囲は局限化される。そして、爆発が伝搬しなければ、破片等が飛散する状況は短時間で終了し、すみやかに通常の火災と同様の対応が可能となる。また火災、銃弾・破片で爆発・爆燃が生起しなければ、要員の安全が確保されるため、通常の消火作業での対応が可能となる。

表３-３に示すとおり被害の防止のためIM化には、６項目の試験のうちファストクックオフ試験、スロークックオフ試験、銃撃感度試験および破片衝撃感度試験では反応指数Ⅴ（燃焼）以上の、成形さく薬ジェット衝撃試験、殉爆試験では反応指数Ⅲ（爆発）以上の達成が必要である。

4.4 弾薬のIM化の技術

具体的な弾薬のIM化の方策としては次の三つの方法が挙げられる。一つは弾薬の組成物質の低感度化、二つめは弾薬の組成物質製造方法の改良による低感度化、三つめは薬莢等を含めた弾薬システムとしての低感度化である。

一つめの弾薬組成の低感度化は新たに低感度な物質を開発し、従来の弾薬組成を置換することである。たとえば誘導弾の弾頭に用いられる爆薬は熱および衝撃に敏感な成分を主体としたコンポジションＢと呼ばれるものが用いられている。そこで、この爆薬中の敏感な成分を比較的熱および衝撃に対して感度の低い成分に置換し、さらに外部からの衝撃を緩和するために衝撃を吸収しやすい高分子材料などをバインダー（つなぎ）に使うなどして、弾薬全体として熱および衝撃に対する感度の抑制を図ることができる。

発射薬については日米共同研究において、強度をもたせるために加えるニトロセルロースに換えて難燃化ニトロセルロースを用いることで耐熱性を向上させ、IM化を向上した成果を得ている。さらに主としてエネルギー源となる主剤、発射薬を成形するために加える可塑剤の配合比を重回帰分析により検討し（**図３-37**）、性能についても最適化した発射薬を開発した。

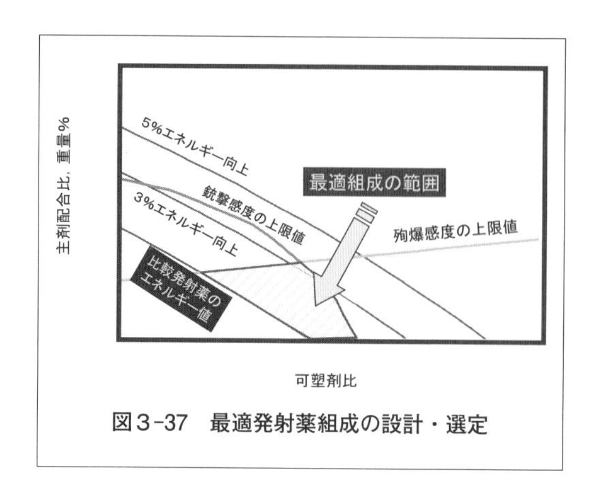

図3-37　最適発射薬組成の設計・選定

二つめの弾薬の組成物質製造方法の改良による低感度化では、ナノRDX[3-39]を用いる方法がある。ナノRDXはRDXを微粒子化してナノ（10^{-9}）メートルサイズにし、さらに高分子と混合して粒状にしたもので、衝撃感度の低下が報告されている。これは、微粒子化によりホットスポット（爆薬中に生じた微細空気泡が圧縮されて高熱になる現象）が解消するためと考えられる。

三つめの薬莢等を含めた弾薬システムとしての低感度化では、弾薬内部の圧力上昇時に自動的にベント開放される減圧構造等の技術がある。過熱時に圧力を開放することにより爆発を防ぎ、反応を局限化することが可能となる。

しかしながら実際にIM化弾薬設計をする際の要素としては、弾薬としてのIM性に加え性能およびコストの考慮が必須である。安全化の結果、弾薬としての性能が大きく変わると、さく薬であれば目的の威力が得られない、あるいは現有の信管で起爆できなくなる可能性があり発射薬であれば現有の火管で点火できない、あるいは射表が使えなくなるおそれがある。また安全性および性能の両方を満たしても新技術の導入によりコストが大きく高騰すれば、そもそも装備品として採用されない。さらに、これら三点の必須の要素に加え、エロージョン性、経年変化等の多様な要求性能を満たす必要があるため、多変量解析を利用するなどシステマティックな設計手法が必要となる。

4.5　諸外国の研究開発動向

諸外国においても弾薬のIM化の検討が進められていることは、前述のとおりである。米国を初めドイツ、フランス、イスラエル等で開発、装備化が進められている。しかしながら、すべてのIM化の基準を満たすことは難しく、一部の基準を満たさない、あるいは基準を満たすが、性能が低下しているものが採用されているものが多くみられる。しかし、発射薬については、ドイツのラインメタル社系のニトロヘミー社がユニット型IM化155mm発射装薬システムDM72／DM92（広温度範囲仕様）を、性能が大きく低下することなく低価格で事業化し、少なくとも５ヵ国以上で導入されている[3-40]。

さく薬については米陸軍のM796りゅう弾砲等用のりゅう弾および迫撃砲弾についてIMX-101安全化さく薬が2010年より装備化されている他、フランスネクスター社がXF13333さく薬を用いた155mmIM化砲弾LU211を開発し、2004年よりフランス陸軍に採用されているが、いずれも高価（１ポンドあたりTNTは約６ドルに対しIMX-101は約８ドル[3-41]、XF13333についても１発あたり約６％高くなる）である[3-42]。

諸外国において弾薬のIM化が進められる中、わが国においても今後、米国の他NATO諸国との相互運用性の観点から、弾薬のIM化を進める必要があると考えられる。

戦闘状況の多様化に伴い自衛隊はより複雑な局面での活動が求められている。不測の爆発事故は起きないことが望ましいが、危機管理の観点から事故が発生しても被害は局限化されるように備えておくべきである。また米国を初めとする友好国との相互運用を実施していく上では、STANAGで定められた同じIM化の基準が求められる。諸外国のIM化技術を見据えつつ、わが国においても弾薬のIM化について研究を進めていく必要がある。

第4章

施設器材

1．施設器材技術

自衛隊の施設器材とは、戦闘部隊を支援するために、障害の探知・処理・構成、陣地の構築、渡河等の作業を行うために使用する器材であり、民生品としては探知器、橋、重機等に相当する器材である。民生品との違いは、人は当然のこと、装備等を含めて被害をなくす「ゼロカジュアリティ」、さまざまな場所で応急的に使用するための「応急性」、人力に頼らずに迅速で安全な作業を可能とする「省力化と安全性」について、より力点が置かれていることであると思われる。以下において、これらの特徴をもった地雷探知器、92式浮橋等の応急橋りょう、施設作業車等に取り入れられている施設器材技術について例を示して紹介する。

1.1　ゼロカジュアリティのための技術

アフガニスタン、モザンビーク、アンゴラ、ソマリア、カンボジア等における地域紛争、内乱で膨大な量の地雷が使用され、大量の地雷が放置されたままとなっていることから、国連主導のもと、軍やNGOがこれらの地雷の撤去を実施しているが、取り除く地雷よりも多くの地雷が新たに埋設されるため、埋設地雷の数が減少していないのが現状である。従来、地雷探知技術は軍事的見地から研究開発が推進されてきたが、近年は人道的立場からの地雷探知の必要性が高まっており、わが国でも民間企業や大学といったNGOで活発な研究活動が行われている。

地雷探知器は磁気、電波、光波、X線等の原理を利用した探知器があるが、技術の成熟度および扱いやすさ等の理由から、電波および赤外線のセンサが広く使用されている。しかしながら、現行の探知センサは地雷種類や土壌および植生等の条件によって探知困難な場合があり、更なる探知性能の向上が求められている。ここでは自衛隊の地雷探知器等に利用されている地中探査レーダ

（GPR：Ground Penetrating Radar）技術を紹介する。

（1）GPRの原理

GPRは地中に向けて電波を放射し、反射した電波を受信することで地中にある物体を探知する装置であり、使用される電波は超短波からマイクロ波である。この帯域の電波の特長は、帯域幅を広く設定すれば複数の物体が離れて配置されている場合に、物体同士が離れていると認識することができる能力、すなわち分解能に優れていること、また比誘電率が土壌と他の物質では大きく異なっていることから、電波のインピーダンスが空洞面や物体境界面等で大きくなり、それに伴って大きな電波反射が得られやすいことである。

図4－1はGPR のブロック図を簡易に示したものである。送信部で生成した電波は送信アンテナを経由して地中に放射される。地中で反射した電波は受信アンテナで受信され、受信部を経由して処理部に送られ、データ処理されて表示部で結果が表示される。図４－１にあるそれぞれの構成部を設計するためには、GPRの基本的な諸元である帯域幅、平均電力等を決定する必要があるが、これらは電波の伝搬経路による減衰や目標の大きさを考慮して決められる。伝搬経路での減衰は透過する物質による減衰、電波伝搬減衰等のさまざまな減衰

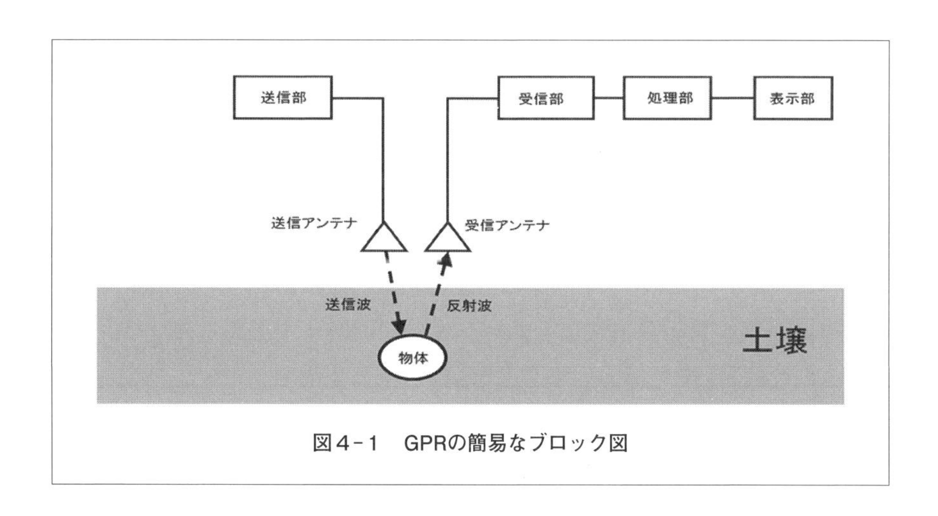

図４－１　GPRの簡易なブロック図

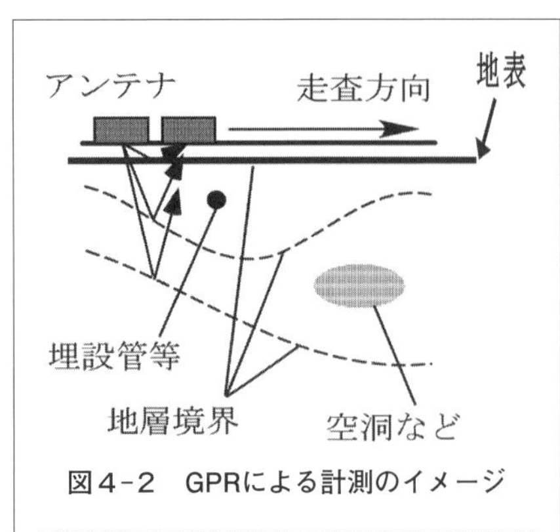

図4-2　GPRによる計測のイメージ

図4-3　GPRを使用した計測の様子[4-1)]

要素があり、GPRに限っては土壌タイプや含水率に依るところが大きい。これらの減衰を小さくし、探知深度を深くしようとすれば周波数を低くする必要があるが、帯域幅を広く設定することが難しく、分解能が劣化するという欠点がある。

GPRによる計測では**図4-2**で示しているように、一対の送信アンテナと受信アンテナを同時に移動させながら、送信アンテナから土中に放射される電波の反射波を受信アンテナで受信する。地中に放射された電波は埋設管等の金属の他、地表、空洞、地層境界などの境界がある場所で大きな反射が起こりやすいため、GPRの走査方向に沿って地中の反射状況を連続的に捉えることができる。**図4-3**にGPRを使用した計測の様子を示す。

GPRの多くは信号をパルス波として送信するインパルス方式が採用されている。インパルス方式は、瞬間的にエネルギーを放出するパルス波を送信する方式である。この方式の利点はインパルスを送る回路構成が単純になることである。GPRの探査深度を深くするためには、インパルス方式ではせん頭電力を大きくする必要があるが、瞬時に高電圧にすることは回路に対する負荷が大きいため、パルス波形に歪みが生じる。その歪みが周波数に悪影響を及ぼし、分解能の劣化が起こりやすくなる。この問題点を解決した方式がFMCW（Frequency Modulated Continuous Wave）方式やチャープ方式である。

これらの方式は低電圧の正弦波を周波数変化させながら送信することにより

広帯域を実現する。特徴としては、前者は送信波と反射波の周波数差を計測して距離に換算する。後者は受信後にパルス波に変換し、その到来時間差を距離に換算する。パルス波に変換するとき、信号の圧縮をすることで瞬時に高電圧にすることと同等の効果を得ることができるが回路構成が複雑になる。

(2) 地雷探知器

図4-4は自衛隊が装備している地雷探知器である「地雷探知器画像型」である。この器材は、電波センサ等が探知した地雷の存在を音、画像によってユーザーに知らせるものであり、図4-4中の平面の表示は地雷の形状と水平位置を視覚的に認識するため、センサが検知した地雷からの反射波や磁気量の強弱を地雷の真上から見たような画像を表示する表示方式で、断面の表示は地雷の形状と垂直位置（埋設の深さ）を視覚的に認識するため、センサが検知した地雷からの反射波の強弱を地雷の真横から見たような画像で表示する表示方式である[4-2]。

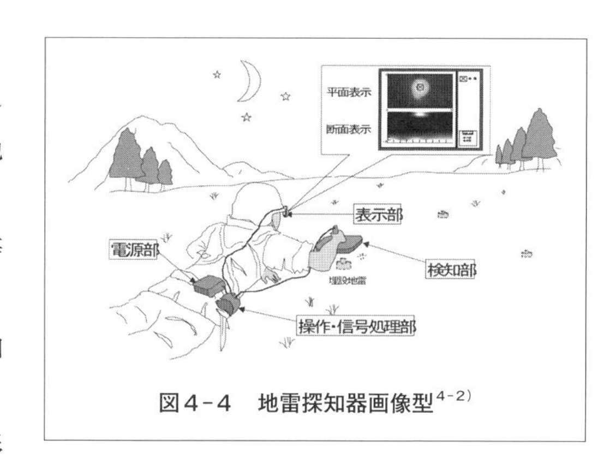

図4-4　地雷探知器画像型[4-2]

(3) IED対処システム構成要素の研究試作

地中探査レーダの技術を応用し、更に発展させたものがIED対処システム構成要素である。ここで、IEDとは「Improvised Explosive Device」の略語で、砲弾、地雷等のような、あり合わせの爆発物と起爆装置等で作成した正規の兵器でない爆発装置の総称と定義される。IEDは近年において非常に問題視されており、特にイラク戦争においてIEDによる被害は多数報告されている。このようなIEDに対処するため、陸上装備研究所機動技術研究部ではIED対処システム構成要素を研究試作し、離隔してIEDの敷設位置を探知する研究を行ってい

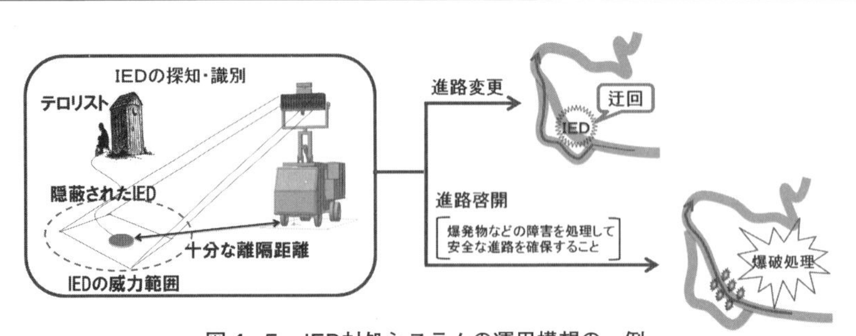

図４－５　IED対処システムの運用構想の一例

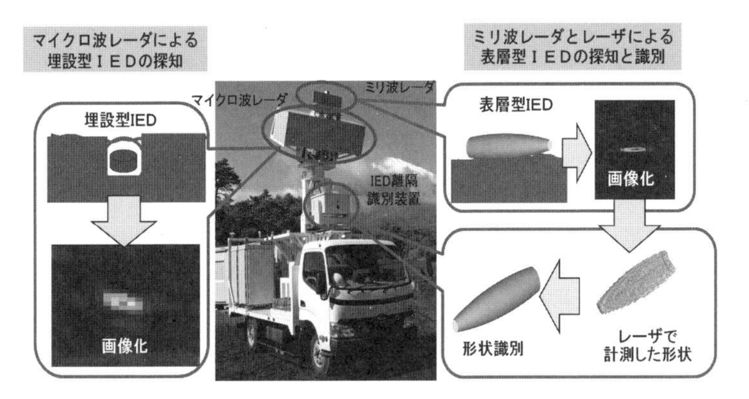

図４－６　IED対処システム構成要素の研究試作

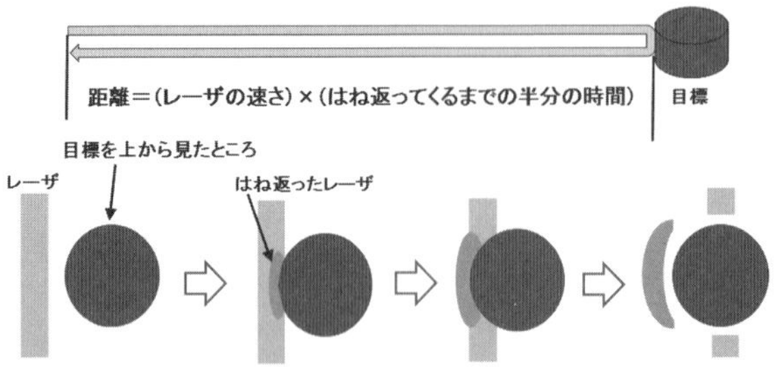

図４－７　レーザを利用した形状計測の原理

る（**図4-5**）。

上記の運用構想のように、車列での移動中に走行車両から離隔したIEDを探知することで、安全距離を保ちながら進路変更、進路啓開等の対処を行うことができるようになるため、IEDによる被害を未然に防止できる。

図4-6は研究試作したIED対処システム構成要素の説明図である。このシステムは電波、光波のセンサを使用してIEDを探知・識別するが、大きく分けてマイクロ波レーダ、ミリ波レーダ、LIDAR（Laser Imaging Detection and Ranging）[※1]の三つのセンサを搭載している。図4-6左図はマイクロ波レーダによる埋設型IEDの探知を説明したものである。マイクロ波レーダは地中に埋設されたIEDを探知し、探知結果は画像化されて表示される。図4-6右図はミリ波レーダとIED離隔識別装置を説明した図である。ミリ波レーダで表層のIEDを探知した後、IED離隔識別装置のLIDARから照射されるレーザにより形状を計測し、計測した形状とIEDとして使用されることが多い砲弾等の形状と比較し、本当にIEDかどうかの判定をする。**図4-7**はレーザを利用した形状計測の原理を示したものである。目標にレーザを照射し、はね返ってきたレーザをとらえ、レーザがはね返ってくるまでの時間を反射点までの距離に換算することで形状を計測することができる。

1.2　応急性のための技術

「応急性」とは、さまざまな場所で応急的に使用するために、目的地へ素早く移動可能、最小限の時間で準備可能、機能が使用場所にできるだけ左右されない等の特性を意味する。この「応急性」について、陸上自衛隊の応急橋りょうを例にして、それに含まれる技術を紹介する。一般に使用されている道路橋や鉄道橋などの橋りょうは、その構造として「トラス橋」[※2]、「アーチ橋」[※3]

※1）レーザを用いた測距およびイメージング
※2）三角形の独特な性質を利用した橋
※3）アーチの性質を利用した橋

などがあり、使用材料で分類すると「RC橋」[※4]、「鋼橋」などが知られている[4-3),4-4)]。

また車両や電車等の通行車両の荷重を支えるための十分な強度をもち、長期間の耐久性が求められることから施工には月～年単位の時間を要する。一方、陸上自衛隊が保有する応急橋りょうは最小限の時間での架設、部隊の通過および撤収を目的としている。架設時間は数時間～半日と非常に短く、容易に運搬できるように材料は軽量で、しかも強度があるアルミ合金が多く使用されている。河川の幅、深さ等の架設地点の条件に応じて、それに適したものを選択することで効率よく架設を行っており、大きく分けて固定橋と浮橋の２種類がある。固定橋は橋脚もしくは橋桁の端部で支えられる橋であり、小流・地隙等に架設する。浮橋は水面に浮かべ、複数の橋節[※5]を相互に連接することにより橋として、また水域の向こう側に車両等を運ぶための渡し船として使用する。固定橋では対応できない、水深が深く川幅が大きい河川を渡河する場合に使用される。

（1）橋りょうの技術

橋は渡る物の荷重に耐え、人や車両を安全に渡すために橋の大きさや形式、材質を決める必要がある。それらを決めるために必要な物が力学計算であり、橋に働く力の計算のことを指す。橋にかかる荷重と、それに反発するつり合いが崩れると橋は壊れる。そのため変形を一定以内に抑えるため、安全性を考えて変形量が決められている。また橋を構成する材質にはそれ固有の応力限界がある。その限界を超えると、つぶれたり、切れたりする。この限界が「強度」である。

つまり、橋は荷重に見合った強度の材質で作ることが求められる。自衛隊の応急橋りょうは重車両を通すといった過酷な作業に耐えられる強度と迅速な輸送および組み立て、水面に浮かべるといった軽量さを兼ね備える必要があり、

※4）鉄筋コンクリート（RC：Reinforced Concrete）を材料とした橋
※5）橋を構築するために連接する、一定の長さの橋ユニットのこと。

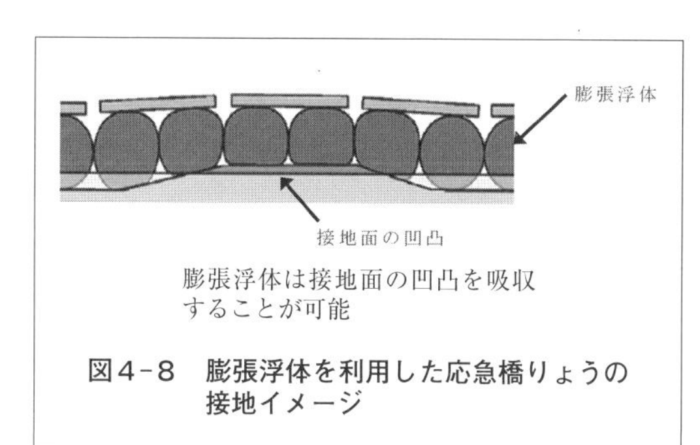

図4-8　膨張浮体を利用した応急橋りょうの接地イメージ

材質の軽量化かつ強度化が図られている。具体的には橋りょうの大部分を占める橋節を高強度アルミ合金等により軽量化し、高張力鋼※6）を組み合わす等により強度化がなされている。高強度アルミ合金は軽量、溶接が可能で、ある程度の強度がある。

一方、高張力鋼はアルミに比べて比重が約３倍であるが、材料が安価で強度が高く、切断、溶接が容易であるため加工費用を抑えることができる。特殊な材料を使用している応急橋りょうとして、米国が開発中の浮体にゴム製の膨張浮体を採用しているLMCS（Lightweight Modular Causeway System）を紹介する。ここで浮体とは橋の構成品が浮力を得るための物体を表す。LMCS は底面がゴム浮体で、接地面の凹凸に対する対応性が高く、また肉厚にすることで地面・海底での摩擦による損傷耐久性をもたせやすいという特長がある。ゴムのうち、エチレンプロピレンゴムは耐候性に優れ、折り曲げられたりして応力集中が生じる個所での酸化劣化やオゾン劣化によるクラックの発生が少ないという特長がある。その特長から、長期間の耐久性が求められるゴム製起伏せきなどに利用されている。**図４-８**に膨張浮体を利用した応急橋りょうの接地のイメージを示す。

（2）災害復旧支援における橋りょうの使用例

この項では応急的に架設された橋の使用例として、実際の災害復旧支援で架設された自衛隊の応急橋りょうを紹介する。2011年に起きた東日本大震災における災害復旧支援において、陸上自衛隊はパネル橋MGB（**図４-９**）、81式自

※６）普通の鋼より強度が高い鋼

図4-9　南三陸町に架設されたパネル橋MGB[4-5]

図4-10　南三陸町横津橋付近に架設された81式自走架柱橋[4-5]

図4-11　民間建設器材を運搬する92式浮橋（門橋形態）[4-5]

走架柱橋（**図4-10**）、92式浮橋（**図4-11**）の架設等を行った。このような設備を応急的に構築することにより、通行が遮断されていた被災地域への車両等の進入が可能となった。

1.3　省力化と安全性のための技術

「省力化と安全性」は人命に関わる事態の対処のような、緊急性を要する場合において必要不可欠な能力であり、人員による作業を効率化することで、迅速な対応、複数事案の同時並行での処理、危険地域での人員を局限することによる人的被害低減を可能とする能力である。この項では「省力化と安全性」の例として、92式浮橋、施設作業車の自動化技術とCBRN[※7)]対応遠隔操縦作業車両システムの遠隔操縦技術を紹介する。

※7）化学（Chemical）、生物（Biological）、放射線（Radiological）および核（Nuclear）の総称の略。以前はNBC（Nuclear, Biological, Chemical）と呼ばれていた脅威対象に、ゲリラ・コマンドウの使用が懸念される、ダーティーボム（Dirty Bomb：汚い爆弾）で用いられる可能性のある放射性物質による放射線汚染を加えた脅威対象を表す。

図4-12　専用運搬車に搭載されている92式浮橋[4-6]

図4-14　施設作業車[4-6]

図4-13　自然に展開する橋節のイメージ

（1）自動化技術

自衛隊の応急浮橋である92式浮橋（**図4-12**）は橋節を運搬車から水面に滑り落とすことにより、陸上から水面に浮かべることができ、橋節は水面でアコーディオンが広がるように自然に広がって浮橋の一ユニットとなる（**図4-13**）。これらの橋節を連接して門橋（数個の橋節を連接し、車両等を積載して渡し船のように運搬する形態）、または浮橋（橋節を連接して河川を全通させた形態）として使用する。92式浮橋の橋節は形状に工夫が凝らされており、車両に搭載した橋節を水面に投入するだけで重力と浮力のバランスにより自然に展開する仕組みとなっている。

民間の重機に相当する器材である施設作業車（**図4-14**）は、戦闘地域での土木作業に従事する軽装甲の工兵車両である。作業の高作業性と高速走行性を合わせもっており、低平な車体の前方に車体幅を超える幅広のドーザブレード、上部に巨大なパワーショベルを装備している。

施設作業車には押土機能の他、一部自動化された機能として揚重・ショベル機能があり、堀、崖などの各種の地形障害を迅速に処理することが可能であ

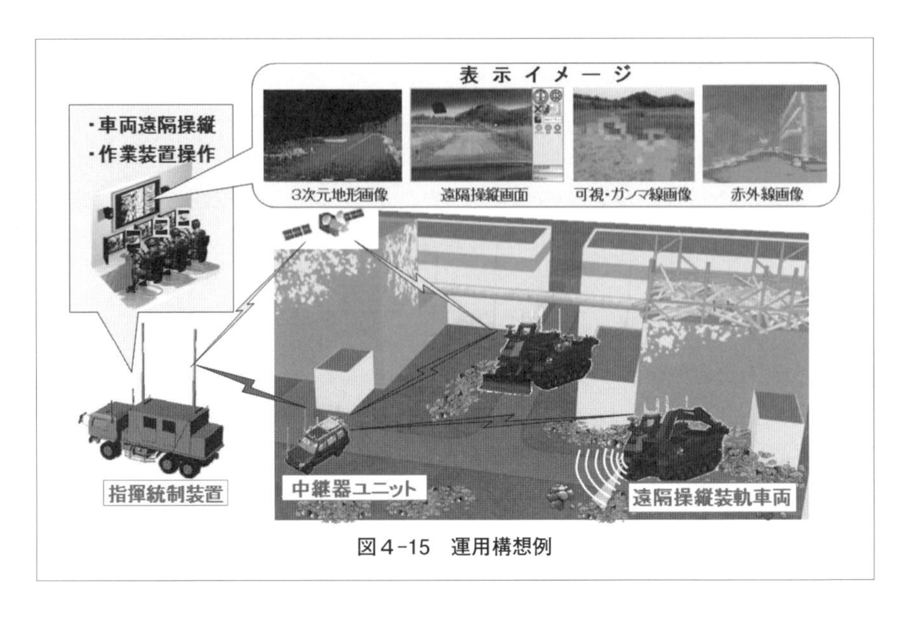

図4-15　運用構想例

る[4-7]。自動化の制御には、各種センサで取得した情報が利用されている。

(2) 遠隔操縦技術[4-8]

遠隔操縦技術の例として紹介するCBRN対応遠隔操縦作業車両システムの研究は、東日本大震災を契機に放射線等による大規模災害時において、人では困難な現場作業を安全かつ速やかに実施するための遠隔操縦作業車両を汚染地域等に遠方から投入し、現場に迅速に到達してガレキ撤去、通路啓開等の施設作業、初動対処に必要な各種の情報収集のための研究を実施するものである。この遠隔操縦作業車両は油圧アーム装置、排土装置等をモジュール化した車両として実現することを目標としており、これを使用することで作業の安全性を高めることを目指している。またレーザレンジファインダ、カメラ、自己位置評定装置等のセンサ情報を利用して障害物を認識し、ブレーキ等の衝突回避機能を有している。図4-15にCBRN対応遠隔操縦作業車両システムの運用構想例を示す。

陸上自衛隊の施設器材は、本来は有事において使用される特殊な器材でありながら「ゼロカジュアリティ」、「応急性」、「省力化と安全性」という特長から、災害復旧支援、国際貢献等の場面において使用される場合がある。有事と災害復旧支援、国際貢献の対処は即効性、被害の防止等のような共通する対処要素を含んでおり、これらの場面においてその役割を発揮できるのは、陸上自衛隊の施設器材が常に有事を想定して研さんされ続けてきたからだと考えられる。

CBRN技術

1. CBRN脅威評価システム

ここ二十数年、松本サリン事件（1994年6月）を始め、地下鉄サリン事件（1995年3月）、東海村JCO臨界事故（1999年9月）、福島第一原発事故（2011年3月）といったCBRN（Chemical Biological Radiological, and Nuclear）事態が発生しており、このような事態対処に防衛省・自衛隊が派遣される蓋然性が高まっている。また2015年4月に首相官邸屋上において放射性物質を搭載した小型航空無人機が発見された事案により、CBRN物質と各種無人機を組み合わせた武力攻撃等の可能性が認識され始めた。このように日々移り変わる情勢の中、防衛省・自衛隊としてもCBRN事態対処の能力向上を図る必要があり、その手段の一つが本講で解説する「CBRN脅威評価システム」である。

CBRN事態対処に携わる隊員は生理的·心理的負担の大きい防護服を着用し、目に見ることができないCBRN物質の脅威に曝されながらCBRN物質の検知・防護・除染等の任務を遂行している。CBRN脅威評価システムはこのような隊員が効率的に活動し得るために、数値シミュレーションによりCBRN脅威を可視化して隊員の心理的負担を軽減させるとともに効果的な部隊行動計画等の策定を支援するシステムである。

防衛装備庁（旧防衛省技術研究本部）では平成20年度よりCBRN脅威評価システムに関する調査を行い、これを踏まえて平成24年度から平成31年度（予定）まで「CBRN脅威評価システム技術の研究」を実施中である。本項では、執筆時の最新情報に基づき、本研究で試作している「CBRN脅威評価システム装置」と「試験評価部」について解説する。

1.1 CBRN脅威評価システム装置

CBRN脅威評価システム装置は、主にCBRN物質の広範囲にわたる大気拡散解析によりCBRN物質の汚染地域の予測や活動する隊員の人体への影響を評価するとともに、逆探知解析によってCBRN物質の放出源を推定することができる。また、これらの予測精度を各種検知器材等から取得した気象・センサ情報を用いて逐次的に向上させることができる。

（1）自衛隊の運用に供するための構成

CBRN脅威評価システム装置は、制御管理部、並列模擬演算部、携行型制御部およびセンサ情報統合部で構成される。制御管理部と並列模擬演算部では主に大気拡散解析それ自身の予測精度を向上させるための研究を実施しており、携行型制御部とセンサ情報統合部では主に気象・センサ情報を用いて大気拡散解析の予測精度を向上させるための研究を今後実施する予定である。自衛隊がCBRN事態対処に派遣される際は気象・センサ情報を自ら取得するので、本項では将来の防衛装備品にとって重要な気象・センサ情報を用いて逐次的に大気拡散解析の予測精度を向上させる携行型制御部とセンサ情報統合部について解説する。

携行型制御部は端末装置と支援装置等で構成され、センサ情報統合部はセンサ連接インターフェイス装置とセンサ模擬装置等で構成される。**図5-1**を参考にして以下に、支援装置、端末装置、センサ連接インターフェイス装置およびセンサ模擬装置の役割と関係を示す。

ア　支援装置

支援装置は**表5-1**に示すように高解像度の大気拡散（気象・気流・拡散）および逆探知の数値シミュレーションを実行する大型計算機サーバーであり、端

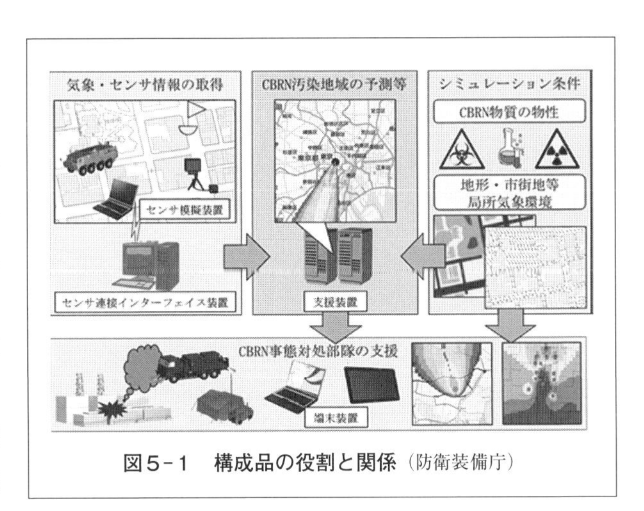

図5-1　構成品の役割と関係（防衛装備庁）

表5-1　支援装置の主な解析機能

	解析機能
支援装置	・気象解析機能 ・気流解析機能（高解像度） ・拡散解析機能（高解像度） ・逆探知解析機能

表5-2　端末装置の主な単体機能

	機　能
1型	・気流解析機能（高速） ・拡散解析機能（高速） ・逆探知解析機能 ・脅威評価機能および経路推定機能
2型	・AR（Augmented Reality）表示機能

表5-3　主な気象・センサ情報一覧

気象情報	・気象データGPV（Grid Point Value） ・AMeDAS（Automated Meteorological Data Acquisition System）
センサ情報	・CBRN物質の大気拡散濃度 ・風向風速

末装置からオンラインで制御管理される。数値シミュレーションを実行するための条件として、支援装置はCBRN物質の密度や粒径等の物性データや地形・市街地等の地理情報であるGIS（Geographic Information System）データを有するとともに、必要に応じてセンサ連接インターフェイス装置から大気拡散解析の予測精度を向上させるために必要な気象・センサ情報等が提供される。

イ　端末装置

端末装置は自衛隊の指揮統制システム等でCBRN物質の大気拡散状況を把握する端末として1型と2型の2種類で構成され、それぞれ司令部等と現場部隊等での運用を想定している。端末装置は支援装置を制御管理するとともに、支援装置で実行した数値シミュレーションの解析結果を表示する。**表5-2**に1型と2型の主な単体機能を示す。1型は、高解像度ではないが高速で気流・拡散の数値シミュレーションを実行する機能とともに、CBRN汚染地域におけるCBRN物質による人体への影響を評価する機能を有している。また2型は、放出源を捜索する隊員を支援するため、端末背面カメラで撮影する市街地等の映像に対して放出源の位置を重畳表示させるAR表示機能を有している。

ウ　センサ連接インターフェイス装置

センサ連接インターフェイス装置は各種検知器材等とオンラインまたはオフラインで連接して気象・センサ情報を取得保存する機能を有しており、必要に応じて大気拡散解析の予測精度を向上させるために必要な気象・センサ情報等を支援装置に提供する。**表5-3**に主な気象・センサ情報一覧を示す。

エ　センサ模擬装置

センサ連接インターフェイス装置の性能確認試験では、LIDAR等の気象観測機器やNBC偵察車やNBC警報器等の現有装備品だけではなく各種CBRN検知器材等に対して気象・センサ情報の連接試験を実施するとともに今後実用化される各種検知器材等との連接試験を実施するために、センサ模擬装置で各種検知器材等の検知誤差等を含めた気象・センサ情報を模擬する。

(2) CBRN物質の大気拡散解析

一般的に、広域な計算領域に対して細かい計算格子で数値シミュレーションを実行すれば予測精度は向上するが、計算負荷は増大する。そこで、本装置の大気拡散解析では、広域な計算領域に対して粗い計算格子で気象解析を行った後、狭域な計算領域に対して細かい計算格子で気流解析と拡散解析を行っている。このように段階的に計算領域と計算格子のサイズを小さくしていく解析手法をネスティングと呼び、計算負荷を増大させずに予測精度を向上させることができる。また各解析での解析値をセンサ連接インターフェイス装置で取得した気象・センサ情報の実測値に近づけるように補正計算を行うことで予測精度を更に向上させることができる。**図5-2**に大気拡散解析と補正計算の関係を示す。

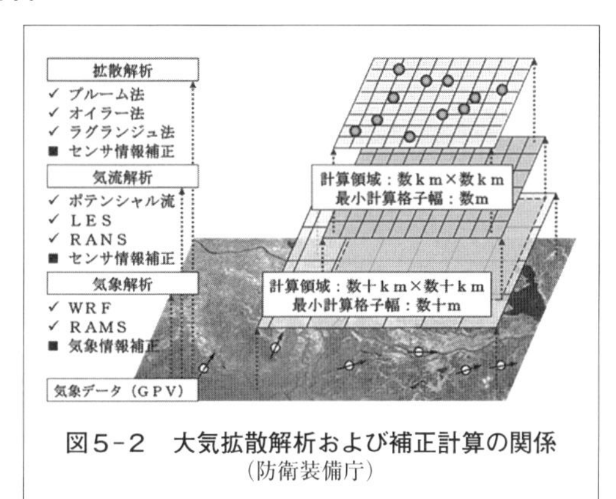

図5-2　大気拡散解析および補正計算の関係
(防衛装備庁)

ア　気象解析

気象解析では、地形等のGISデータおよび気象データ（GPV）等から高解像度の狭域気象場を解析する。気象解析モデルはメソスケール（2～2,000kmオーダーの領域）の気象数値予報モデルであるWRF（Weather Research and

Forecasting）とRAMS（Regional Atmospheric Modeling System）を選択して実行できる。

イ　気流解析

気流解析では、市街地等のGISデータ、狭域気象場および気象データ（GPV）等から高解像度の気流場を解析する。また気流解析では一度実行した解析結果をデータベースに保存するので、同じ解析条件であればデータベースから気流場を出力することも可能である。気流解析（高速）モデルでは一様ポテンシャル流で実行し、都市構造物も考慮した乱流解析を行う気流解析（高解像度）モデルではLES（Large Eddy Simulation）とRANS（Reynolds Averaged Navier-Stokes Simulation）を選択して実行できる。

ウ　拡散解析

拡散解析では、市街地等のGISデータ、気流場、狭域気象場および気象データ（GPV）等からCBRN物質の拡散解析を行う。この拡散解析では雨等による化学剤の分解（加水分解）やCBRN物質の地表面等への乾性沈着や雨等への湿性沈着も計算することができる。拡散解析（高速）モデルではパフを放出源から放出拡散させるプルーム法を用いるが、拡散解析（高解像度）モデルでは、計算格子点上での拡散量を解析するオイラー法と粒子を放出源から放出拡散させるラグランジュ法が選択できる。

（3）脅威評価機能および経路推定機能

ア　脅威評価機能

脅威評価機能では、**図5-3**に示すようにCBRN物質の大気拡散解析で予測したCBRN汚染地域における拡散濃度に対してCBRN物質の毒性等の物性データ、**表5-4**の脅威評価基準およびGISデータ（人口分布）を加味することにより、CBRN汚染地域での滞在可能時間や危険レベルまたはCBRN脅威の評価と影響者数の予測を行う。

イ　経路推定機能

CBRN汚染地域での効果的な部隊行動計画等の策定を支援するために、A

地点からB地点へ移動する際の最適移動経路を推定することができる。最適移動経路推定においては移動時間や総曝露量が評価基準となる。経路推定においては図5-3に示すように、GISデータ（道路情報等）で通行の可否や通行可能速度を設定するとともに、時間変化するCBRN物質の大気拡散濃度分布（放射性物質の場合は被曝線量分布）に応じた通行不可領域も設定することができる。

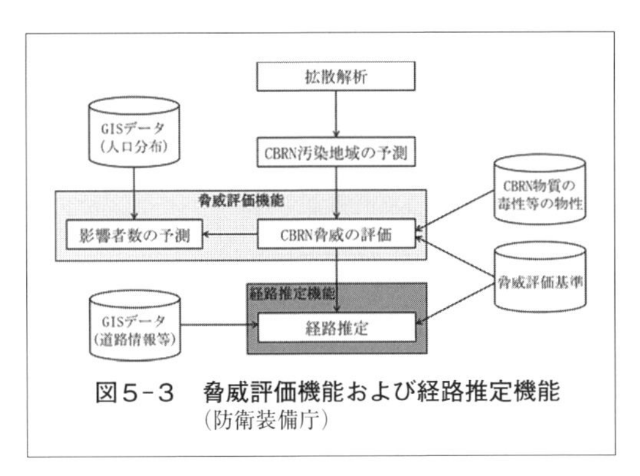

図5-3　脅威評価機能および経路推定機能
（防衛装備庁）

表5-4　脅威評価基準

化学剤	吸入等により人体に摂取された場合のみ ・LCt50（Median Lethal Dosage） ・MEG（Military Exposure Guideline） ・AEGL（Acute Exposure Guideline Level）
生物剤	吸入により人体に摂取させた場合のみ （二次感染は考慮しない。） ・感染限界個数である感染曝露量（細菌等） ・MEG（毒素等）
放射性物質	放射性物質が放射するγ線の被曝量のみ ・内部被曝 ・大気中からの外部被曝（クラウドシャイン） ・地表面からの外部被曝（グランドシャイン）
核物質	大気中に放出された放射性物質の地表面への降下（フォールアウト）地域を評価

（4）逆探知解析機能

CBRN事態発生時においては放出源が不明な場合が想定されるので、各種CBRN検知器材等でCBRN脅威を検知した後、それらで取得した拡散濃度の実測値を用いてCBRN物質の放出源を推定する必要がある。逆探知解析では、逆流法、順流法および逆流法と順流法を組み合わせたハイブリッド法の３種類の解析モデルから放出源を推定することができる。以下にそれぞれの解析モデルについて解説する。ここでは、簡単のため計算領域は**図5-4**および**図5-5**のように１～24の格子に分割され、センサ情報は計算領域内に設置されているセンサA～Cから取得されるものとする。

ア　逆流法

図5-4に逆流法による逆探知解析を示す。

① センサAの実測値に対して、格子1が放出源であると仮定した場合、移流拡散方程式の随伴関数解析によって格子1から放出される単位時間当たりの放出量の強度を算出する。同様の仮定を他の格子（2、3、…、24）にも適用し、他の格子の放出量の強度を算出する。

② センサAの実測値に対して、算出した各格子の放出量の強度をセンサAの感度分布とする。つまり、ある格子の強度が強いということは、その格子から放出される放出量が多く、それだけ放出源である可能性が高いということになる。

③ ①および②と同様の手順で他のセンサ（B、C）の感度分布を作成する。

④ そして、各センサの感度分布を積算した総感度分布から一番強い感度を示す格子8を放出源と推定する。

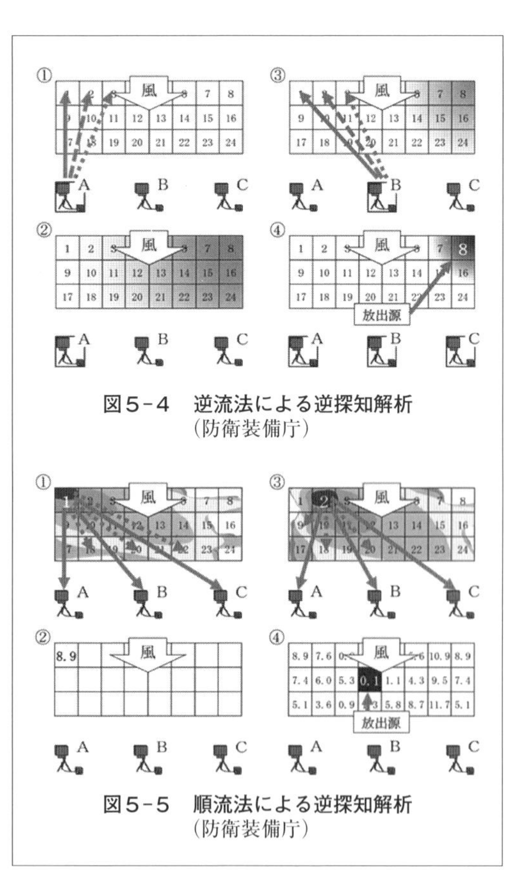

図5-4　逆流法による逆探知解析
（防衛装備庁）

図5-5　順流法による逆探知解析
（防衛装備庁）

イ　順流法

図5-5に順流法による逆探知解析を示す。

格子1が放出源であると仮定した場合、移流拡散方程式によって他の格子（2、3、…、24）での拡散濃度の解析値を算出する。

センサが設置されている格子での解析値とセンサの実測値から分散値を算出し、その値を格子1の分散値とする。つまり、分散値が小さいということは、解析値と実測値の差異が小さく、それだけ放出源である可能性が高いということになる。

1および2と同様の手順で他の格子（2、3、…、24）の分散値を算出する。

そして、各格子の分散値から一番小さい分散値を示す格子12を放出源と推定する。

ウ　ハイブリッド法

逆流法は格子数24×センサ数3＝72回の計算しか必要としないが、他のセンサと同調して放出強度を算出しないので予測精度は悪くなる。他方、順流法は各センサと同調しているので予測精度は良くなるが、計算回数が他の格子23×各格子24＝552回も必要となる。そこで、ハイブリッド法では逆流法と順流法の計算負荷と予測精度のバランスを取り、逆流法を用いて発生エリアを推定した後、順流法を用いてその発生エリアの中から放出源がある格子を精度良く推定する。

1.2　試験評価部

図5-6に示す試験評価部はCBRN脅威評価システム装置の解析結果の妥当性を検証することを目的として製造した低速拡散風洞である。試験評価部は主に気流を生成する流入部、市街地等の気流を模擬する大気境界層を生成する境界層制御部、都市構造物等の模型を設置する測定部、風速計やガス濃度計等の計測装置および計測制御装置で構成される。実寸大の都市構造物を対象とした大気拡散実験では風向風速と拡散濃度等の実測には莫大な労力とコストがかかるので、実験を行う場合は風洞実験を行うのが一般的である。風洞実験では、数百分の

図5-6　試験評価部（防衛装備庁）

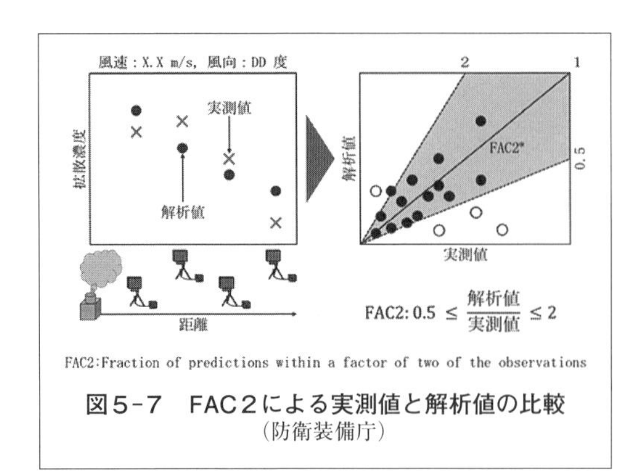

図5-7　FAC２による実測値と解析値の比較
（防衛装備庁）

１にスケールダウンした都市構造物等の模型を用いて模型周辺の風向風速と拡散濃度等を実測し、無次元化した数値を無次元化した解析値と比較することによって解析した妥当性を検証する。

妥当性の検証としては、**図5-7**左に示すように放出源からの距離に対する拡散濃度の実測値と解析値の比較ではなく、図５-７右に示すようにFAC２（Fraction of predictions within a factor of two of the observations）[5-1]という指標を使用する。FAC２は風洞試験で実測した実測値（無次元）とCBRN脅威評価システム装置で解析した解析値（無次元）の比が0.5～２の範囲に収まる割合が50%以上あるかないかで妥当性を判定し、CBRN脅威評価システム装置の予測精度の評価を行う。

ここでは、防衛装備庁（旧防衛省技術研究本部）が実施中の「CBRN脅威評価システム技術の研究」を中心に「CBRN脅威評価システム」について解説した。

原子力や防災等の分野における同様のシステムとして、文部科学省の「SPEEDI[5-2]」、内閣官房の「被害想定シミュレーション[5-3]」および三菱重工業株式会社の「原子力緊急時対応システム[5-4]」等がある。これらのシステムとCBRN脅威評価システムの異なる点としては、気象・気流解析（高解像度）と逆探知解析である。CBRN事態対処の際に、CBRN汚染地域で放出源を捜索する隊員に対して、CBRN脅威を精度良く可視化し、放出源を推定するこれらの機能は防衛省・自衛隊独自のものである。本研究は平成31年度まで実施予定である。

また米国においては、スリーマイル島原子力発電所事故（1979年３月）を契機として同様のシステムの研究開発が始まっており、現在では各種検知器材等の統合警戒ネットワークである「JWARN[5-5]」と大気拡散予測を行う「JEM[5-6]」という二つのシステムが統合指揮統制通信ネットワークで結びつけられ各軍に提供され始めている。

2. CBRN検知技術

CBRNとは、化学（Chemical)、生物（Biological)、放射性物質（Radiological)、核（Nuclear）の頭文字を並べたものである。以前はNBCと呼ばれていたが、近年では使用される蓋然性の高い順に並べてCBRNという名称が用いられている。CBRNは従来の核・生物・化学兵器による攻撃からテロ、事故、自然災害まで内包し、広範囲な概念となっている。

CBRN検知は、化学兵器や産業用毒性物質、生物兵器やパンデミック（世界的流行病）および核兵器、フォールアウト（放射性降下物)、産業用放射性物質などを検知する技術であり、それぞれに対応して検知方法は多様である。

CBRN検知には、汚染された環境で迅速・確実・簡便に、また測定場所を変えて連続的に剤を特定しなければならないなど、両用技術を基盤にしつつも軍事特有の技術やノウハウが必要である。CBRN検知はまた現場で直接検知するポイント検知と遠隔地から間接的に検知するスタンドオフ検知に大別される。

図5-8にCBRN検知技術を理解するうえで重要な概念である感度、特異度、陽性的中率、正診率の関係を示す。感度とは剤が存在する条件の下、検知器が陽性と判定する確率であり、特異度とは剤が存在しない条件の下、検知器が陰性と判定する確率である。

陽性的中率とは検知器が陽性と判断したとき、対象となる剤が存在する確率である。この概念は重要であり、図5-8から真陽性数を真陽性数と偽陽性数の和で割った割合となっている。この確率はベイズの定理によって感度、偽陽性率（＝1－特異度)、剤あり/剤なし、それぞれの割合から計算できる。また正診率

条件＼判定	陽性	陰性
剤あり	真陽性数 a1	偽陰性数 a2
剤なし	偽陽性数 b1	真陰性数 b2

全数　＝a1＋a2＋b1＋b2
感度　＝a1/(a1＋a2)
特異度＝b2/(b1＋b2)
陽性的中率＝a1/(a1＋b1)
正診率＝(a1＋b2)/(a1＋a2＋b1＋b2)

図5-8　感度、特異度、陽性的中率、正診率の関係

とは全数のうち検知器が正しい判断をした確率である。

2.1　化学剤検知技術

代表的な化学剤（Chemical Agent）とその特徴を示す（**表5-5**）[5-7]。一般に化学兵器、化学剤といった用語が用いられるが本質的には化学物質であり、化学物質のうち軍事に使用されるものが化学兵器である。

化学剤の本格的な分析機器としてガスクロマトグラフィー/質量分析計（GC/MS）がある。これはガスクロマトグラフィーで分離した成分を質量分析計で同定する分析装置であり、代表的な軍用GC/MSとして独国Bruker社のMM２がある（**図5-9**）[5-8]。これらは大型かつ高価で車載可能であっても携行用ではない。従って性能は劣るものの、より小型で扱いやすい携帯型検知器材が開発されている。

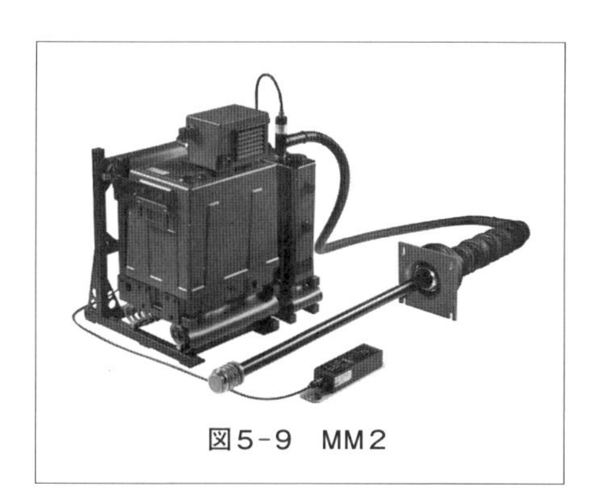

図5-9　MM2

携帯型検知器の検知原理には(1)化学物質の呈色反応を利用するもの(2)イオンの移動度を利用するイオン移動度分光法(3)化学発光を利用する炎光光度検出器などがある。

表5-5　代表的な化学剤とその特徴

種類	神経剤		血液剤	びらん剤	窒息剤
名称	サリン	VX	シアン化水素	マスタード	ホスゲン
融点（℃）	−56.0	< −51.0	−13.3	14.45	−128
沸点（℃）	150	292	25.5	218	7.8
蒸気圧（mmHg）（25℃）	2.48	0.000878	746	0.106	1,400
半数致死量（mg·min/m^3）	35（気体）	15（気体）	2,860	1,000	1,500

（1）呈色反応（検知紙）

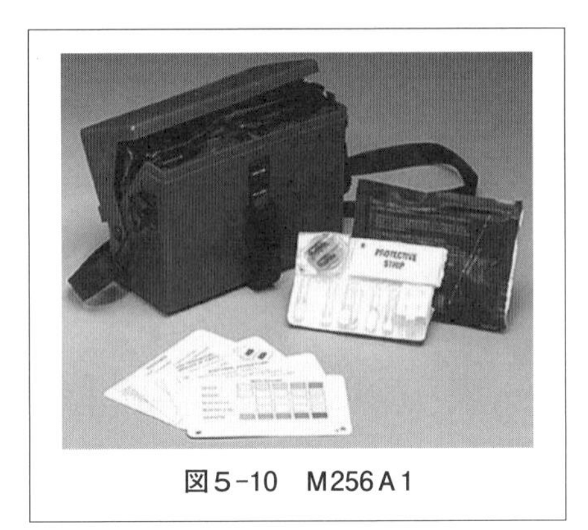
図5-10　M256A1

呈色反応を利用するものとして、検知用試薬と化学剤による発色あるいは変色を伴う化学反応を利用し、化学剤を検出する方式がある。化学剤に反応する特定の試薬を用いるため、他の検知方式と比較して特異的であり、感度が高く誤検知が少ない。また安価なため使い捨てである。代表的なものとして米国で装備化されているM256A1を示す（**図5-10**）[5-9]。

（2）イオン移動度分光法（Ion Mobility Spectrometry: IMS）

IMSは、密封放射線源または紫外線ランプにより気体をイオン化し、発生イオンの電極間における移動度によって化学物質を検知するものである。代表的なものとして英国のLCD3.3を示す（**図5-11**）[5-10]。

文部科学省「安全・安心な社会のための犯罪・テロ対策技術等を実用化するプログラム（化学剤の網羅的迅速検知システムの開発）」では、科学警察研究所が責任機関となり理研計器㈱などとともに化学剤検知器の開発を平成22年度から26年度まで行った。この化学剤検知器はIMSを用いているが、IMSで検知しにくい血液剤、窒息剤の判別のため電気化学センサを付加している。電気化学センサはテフロン膜を透過したガスを作用電極で電気分解して電流出力として検出するものである。対象化学剤を16剤としており、検知感度の目標値は剤によって異なるが半数致死量の1/100以下である[5-11]。

図5-11　LCD3.3

（3）炎光光度検出器（Flame Photometric Detector: FPD）

FPDは水素炎のエネルギーで化学物質を電子的に励起したときに生じる化学発光を検出するものである。リンと硫黄は神経剤やマスタードガスに含まれるので、化学剤を検知するのに有効な元素である。FPDを原理とした化学剤検知器はリンと硫黄の光学フィルターを内蔵し、サリン、VX、マスタードなどを識別することができる。代表的なものとして仏国のAP４Ｃを示す（**図５-12**）[5-12]。

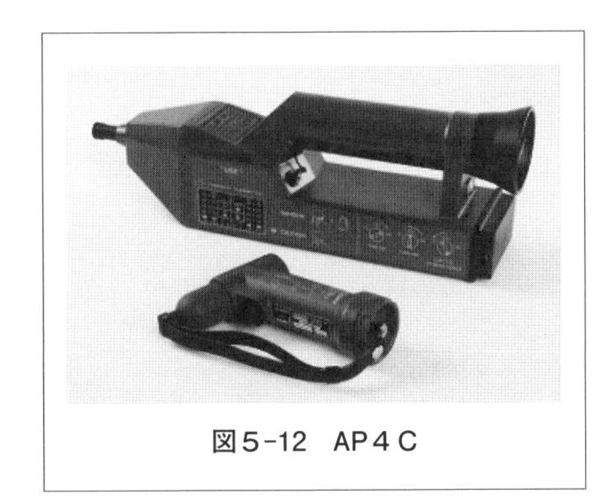

図５-12　AP４Ｃ

（4）他の物理化学的手法

他の物理化学的手法として、赤外分光分析（Fourier-Transform Infrared Spectrometer: FTIR）があげられる。分子の赤外吸収スペクトルは主としてその分子の固有振動数にもとづくので、分子が異なればその赤外吸収スペクトルも必ず異なる。この事実を利用して赤外吸収スペクトルによって物質の同定や定性分析を行うのが赤外分光分析である。

さらに、赤外分光分析と相補的な手法として、試料にある波長の光を照射したときの分子内の原子の振動に起因する散乱光（ラマンスペクトル）を測定するラマン分光分析が注目されている。水溶液の分析、微少試料、表面の成分分析など赤外分光法が応用しにくい場面などで用いられる。

2.2　生物剤検知技術

生物剤（Biological Agent）はエアロゾル（aerosol）状態で、あるいは微粒子に付着させて広範囲に散布されることが一般的に想定されている。エアロゾルとは、気体中に浮遊する微小な液体または固体の粒子のことである。生物剤は米疾病管理予防センター（Centers for Disease Control and Prevention: CDC）によって、生物剤の特徴（感染性、毒性、致死性、病原性、潜伏期間など）および社会に与えるインパクトなどからA、B、Cの三つのカテゴリーに分類されている。

カテゴリーAは国家の安全を左右するため第一優先で対応すべき生物剤であり、炭疽菌、天然痘、ペスト菌、ボツリヌス毒素、エボラ出血熱などがある。カテゴリーBはカテゴリーAに次いで優先度が高い生物剤で食品や飲料水などを介して感染する病原体も含まれる。Q熱、ブルセラ症、リシン（毒素）、腸チフス、コレラなどがある。カテゴリーCはカテゴリーBに次ぐ優先度が高い生物剤で将来大量拡散のために加工される可能性がある新興病原体も含まれている。ニパ脳炎、腎症候性出血熱、ダニ媒介性脳炎ウイルス、黄熱病ウイルスなどがある。代表的な生物剤の分類と検知原理との関係を（**表5-6**）と、生物剤と花粉の大きさの比較（**図5-13**）を示す。

表5-6で示したように細菌、ウイルスはその表面に蛋白質を有し、また生物毒素の多くは蛋白質そのものであるため、蛋白質である抗原に対して特異的に結合する抗体分子を反応させることにより、生物剤の種類を決定することができる。また細菌とウイルスは遺伝子をもつため、これらの遺伝子の中から生物剤に特徴のあるDNAを増幅し、DNA配列を検出することで、微生物の種類を決定することができる。

表5-6　代表的な生物剤と検知原理との関係

種類	細菌		ウイルス		毒素（タンパク質）	
名称	炭疽菌	ペスト菌	天然痘	出血熱	ボツリヌス毒素	リシン
CDC カテゴリー	A	A	A	A	A	B
検知原理（蛋白質に着目）	○	○	○	○	○	○
検知原理（遺伝子に着目）	○	○	○	○	－	－
検知原理（大きさ・形状に着目）	○	○	－	－	－	－

大きさや形状に着目すると、何らかの手段で生物由来であることおよび背景となる微粒子の大きさ分布からの変

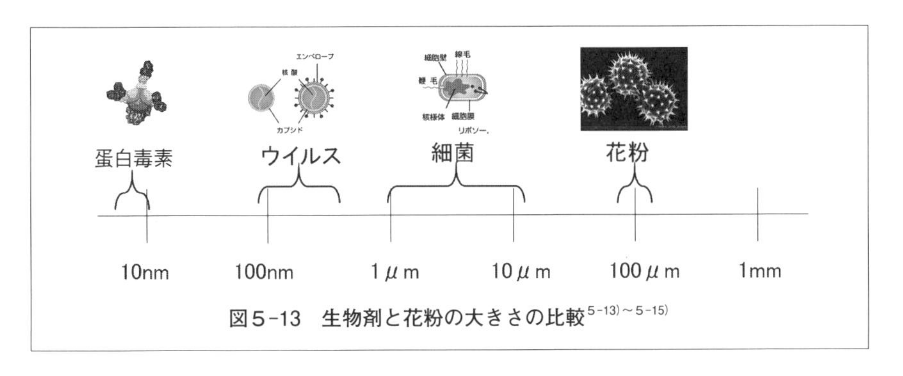

図5-13　生物剤と花粉の大きさの比較[5-13)～5-15)]

動が分かれば、簡易的な検知が可能となる。この原理は次に述べる警戒監視技術に使われている。

生物剤検知技術は化学剤検知技術と比較して複雑でいくつかの構成要素技術、すなわち警報監視技術、エアロゾル採集技術、前処理技術、生物剤識別技術、除染技術などで構成される。ここでは警戒監視技術、エアロゾル採取技術、生物剤識別技術、除染技術について述べる。

（1）警戒監視技術

代表的な方式はレーザを使ったパーティクルカウンターである。これは連続的に大気を取り込み、そこにレーザを照射し、エアロゾル粒子が通過したとき発生する散乱光を受光器で捉えることによって、単位時間に通過した粒子数と粒径を計測する（図5-14）。これに加えてUVレーザなどを用い、生物粒子が蛍光を発出する原理を利用して、生物粒子の存在を検出することが一般的である。生物由来であることが分かれば、図5-13に示したように細菌はそ

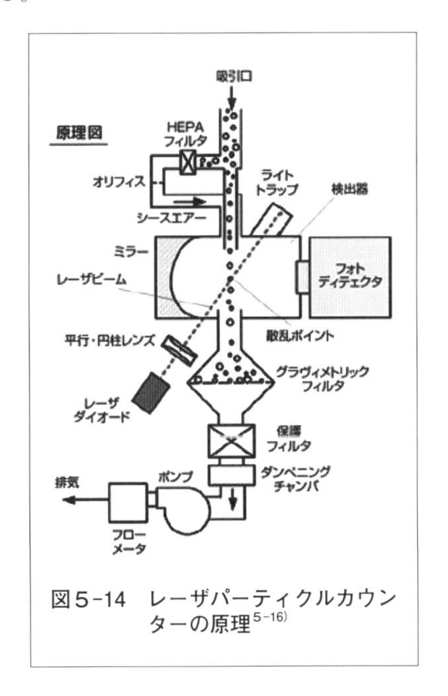

図5-14　レーザパーティクルカウンターの原理[5-16)]

表5-7　警戒監視装置の比較[5-17)～5-20)]

製品名	ECBC TACBIO Gen II	Lockheed Martin BAWS	FLIR Systems Inc Fido B2	Chemring I-COLLECTOR
国名	米国	米国	米国	米国
外観				
測定原理	パーティクルカウンター、UV-LED蛍光	パーティクルカウンター、蛍光	パーティクルカウンター、UVレーザ蛍光	パーティクルカウンター、UV-LED蛍光
吸引量	—	—	4L/min	2.4L/min
測定時間 連続測定	1分以下 —	— —	1秒 24hr/7d/365d連続	— 24時間連続
検出サイズなど	検出：2μm	検出：2～10μm GPS、気象センサ テレメトリーシステム	検出：0.7～10μm GPS、気象センサ テレメトリーシステム	検出：1～10μm
大きさ W×D×H	20.3cm×15.2cm×30.5cm	—	24.0cm×16.5cm×22.9cm	33.0cm×23.0cm×18.0cm
質量	1.36kg	—	3.40kg	635kg

の大きさから花粉と区別ができる（**表5-7**）。しかしながらこれだけでは、炭疽菌と近縁であるが無害の枯草菌との区別ができないので、生物剤と断定することはできない。よってより詳細な識別技術が必要となる。

類似の方式として、フローサイトメトリーがある。これは細胞を懸濁させた液体を細胞がおおよそ一列に流れる状態にし、それにレーザ光を当てて一つ一つの細胞の相対的大きさや形状、内部構造の違いや細胞の同定や細胞群を構成する種々の細胞の存在比を解析する技術である。また細胞を蛍光抗体で標識することによって細胞表面にある蛋白質を定量的に測定することもできる。しかしながら蛍光標識機能を加えると複雑になり、また微細な流路に光を当てるため振動に弱いと考えられる。

（2）エアロゾル採集技術

代表的なエアロゾル採集方法としては、湿式サイクロン方式、インピンジャー方式、フィルター方式などがある。生物剤検知システムには粒子を溶液状態で採集できる湿式サイクロン方式が広く採用されている。これは集塵装置や掃除機などで活用されているサイクロン方式が基礎となっている。サイクロンの内壁に液体（通常、水や界面活性剤を含む水溶液）の薄い膜を形成させ、粒子を捕獲し、溶液状態にして採集する。連続的に送液して逐次的に粒子を回収するものなどが実用化されている（**図5-15**）。

図5-15 Biological Air Sampler（Bertin Technologies フランス）[5-21]

インピンジャー方式はエアロゾルを含む空気を液体に通して、溶液として粒子を回収する方式である。可溶成分をすべて回収できることが特長であるが、極端な高温、低温では操作できなくなることがある。

フィルター方式はメンブレンフィルターにエアロゾルを含む空気を通し、粒子を回収する方式である。PM2.5や花粉などの粒子観測によく用いられている。エアロゾル粒子がフィルター面に積層するので、採集した粒子の直接観察に適した方法と考えられる。

（3）生物剤識別技術

（ア）質量分析法

質量分析法は、微生物を構成する蛋白質の組成が、微生物ごとに固有であることを利用し、その差異を質量分析によって見分けて検知する手法である。一例として、マトリックス支援レーザ脱離イオン化法（MALDI法）を利用した生物剤検知法がある。飛行時間型の質量分析器（Time of Flight Mass Spectrometry、TOF/MS）と組み合わせて検知することが多い。この装置は細胞表面に存在する蛋白質をイオン化し、それを真空の飛行管内に飛ばすことで、質量に応じて飛行時間が異なることから質量を測定することができる。従って精確かつ迅速なイオン化の手法やデータベースの構築などが課題である。

（イ）免疫学的測定法（Immunoassay）

免疫学的測定法は、細胞表面に存在する糖蛋白や脂質あるいは細胞内代謝に関わる特異的蛋白質および細菌に固有の毒素などの抗原に対して特異的に結合する抗体を反応させることにより、生物剤の種類を決定する技術である。

具体的な方法には、イムノクロマト法およびELISA（Enzyme Linked Immuno Solvent Assay）法がある。イムノクロマト法は、ストリップと呼ばれるセルロース膜上に抗体を含む標識粒子を線上に固定しておき、検体を滴下したときに生じる標識粒子の発色を判別する方式である。ELISA法は抗原抗体反応による認識能力と、酵素反応による検出を組み合わせた手法で、複数の成分が混ざったサンプルから特定の物質のみ効率よく検出することができる。

免疫学的測定法は短時間で判定でき、不純物の影響を受けにくく、操作が簡便であり、遺伝子を含まないリシンやボツリヌス毒素にも対応できるといった数々の利点を有する。しかしながら、抗体を用いているためロット間差、試薬間差が存在するうえ、感度が他の手法に比較すると低い。また抗体は蛋白質で

表5－8　免疫学的検知方式を用いた機材の例[5-22)～5-24)]

製品名	Tetracore BioThreatAlert. Reader	JANT Pharmacal RAMPstrip. Reader	Research International RAPTOR
国名	米国	米国	米国
外観			
測定原理	イムノクロマト	イムノクロマト	ELISA
測定時間	反応15分、解析20秒	15分	10～15分
検査対象	炭疽、ブルセラ、ペスト、ボツリヌス毒素など	炭疽、天然痘、リシン、ボツリヌス毒素	炭疽、ブルセラ、ペスト、野兎、リシンなど
同時検出	1種	1種	4種
大きさ W×D×H	11.3cm×21.1cm×9.91cm	—	28.0cm×17.3cm×20.5cm
質量	0.907kg	—	6.47kg

あるため高温多湿の環境下に置かれると変性しやすく、所定の性能が保障される期間が限られる（**表5-8**）。

近年､抗体に類似した人工核酸分子「アプタマー（結合するものという意味:Aptamer)」を合成し、抗体の代わりに用いる技術が研究開発されている。アプタマーは抗体と同様に、特定の生物剤にのみ選択的に結合し、その結合の親和性は抗体同様に高い。抗体は生体分子であり、高温多湿で変性しやすく使用期限があるが、アプタマーは化学物質であり、冷凍保存をはじめとする煩雑な取り扱いを必要としない利点がある。

抗体は一般的に、実験動物に生物剤などを注射したのち、生体成分を抽出し精製することにより得るが、アプタマーは実験動物を必要とせず、アプタマー候補となる核酸を10^8～10^{10}個程度化学合成したのち、これらの中から性能の良いアプタマーを選別する。煩雑な動物実験を必要としない利点は大きい（**表5-9**）。

表5-9　アプタマーと抗体の比較

対象	アプタマー	抗体
製造	化学合成	実験動物
熱変性	可逆	不可逆
安定性	長期保存可	保存期間あり
分子サイズ	小さい	大きい
コスト	安価	高価

（ウ）物理化学的方式

化学剤検知技術でも述べたように赤外分光分析、ラマン分光分析が生物剤検知技術として注目されている。これらの手法は複雑で巨大分子である蛋白質やそれを構成要素とするウイルス、細菌などの生物剤には適用不可能と考えられてきたが、近年、高出力の光源の開発や検出器の高性能化、小型化が急速に進み、生物剤への適用が本格的に検討されるようになってきている。これら物理化学的方式の優れた点は、結果がすぐ得られる迅速性に加え、消耗品がほとんど発生しないため運用コスト面で有利な点などが挙げられる。

（エ）遺伝子解析方式（Genetic methods)

遺伝子解析方式とは、微生物が持つ遺伝子の中から特徴のあるDNA配列を検出することで、微生物の種類を決定するものである。DNAは約95℃の熱を加えることによって、水素結合が外れて２本鎖が解離する。しかし、温度を下げることによって再び会合し、もとの２本鎖構造を形成する性質がある。この現象を利用した酵素によるDNA断片の増幅反応のことをPCR（Polymerase Chain Reaction）と呼んでいる。一般的なPCR反応はDNAの特定部位をはさむ２種類のDNA断片（プライマー）とDNAを合成する酵素（DNAポリメラーゼ）によるDNA鎖の合成反応を繰り返すことによりDNAのある特定の一部分を数十万倍程度まで増幅させることができる（**図5-16**）。

プライマーは20～30塩基程度のサイズであり、対象生物剤ごとに準備しなければならない。プライマー配列は対象生物剤の遺伝子配列を基に決定され、その生物剤に特徴のある遺伝子配列に相補するものでなければならない。従って膨大な遺伝子からどの部分をターゲットにするかは、系統立てて整備されたデータベースがあって初めて決定付けられるので、プライマー設計は遺伝子解析方式による生物剤検知技術を確立するための鍵となる（**表5-10**）。

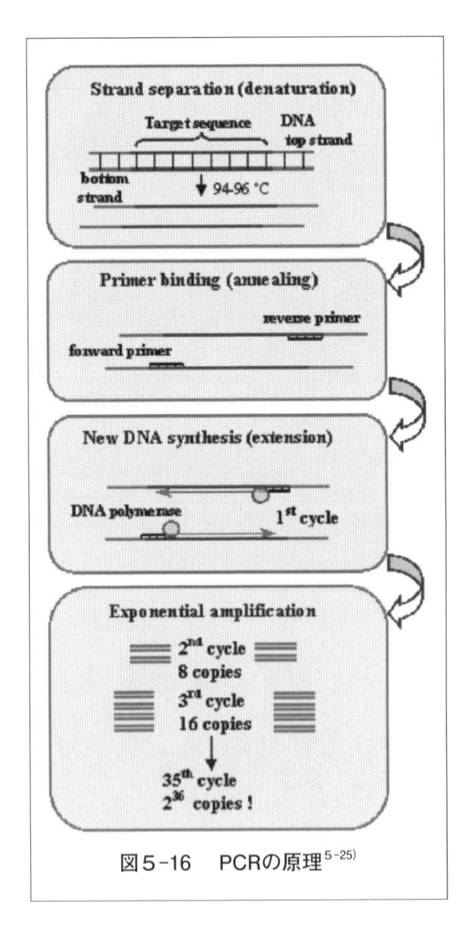

図5-16　PCRの原理[5-25]

増幅されたDNAの識別には、近年、DNAマイクロアレイ（DNAチップ）技術が適用されている。この技術はマイクロチップ上に生物剤のDNA断片を添着させておき、PCRで増幅した生物剤DNAとマイクロチップ上のDNA断片との相補的な結合を、蛍光や電流に変換し生物剤のDNAを検出する技術である。この技術は微量の試料で高精度の検出が可能であることから多検体の同時検出が期待される（**図5-17**）。

文部科学省の「安全・安心な社会

表5-10　遺伝子解析方式を用いた検知機材の例[5-26)～5-29)]

製品名	Idaho Technology R.A.P.I.D	Idaho Technology Razer EX	Smith Detection Bio-Seeq PLUS	東芝 BioBulwark
国名	米国	米国	英国	日本
外観				
測定原理	PCR、蛍光	PCR	PCR	PCR（LUMP法）、DNAチップ
測定時間	30分以内	30分	65分	40分(検知)70分(識別)
検査対象	炭疽、エポラ、ブルセラ天然痘、ペスト、O157他	炭疽、エボラ、ブルセラ、天然痘、ペスト、O157他	炭疽、野兎、ペスト、天然痘他	炭疽、天然痘、ボツリヌス、ペスト他
同時検出	32種	12種	6種	19種の生物剤に3種のカセットで対応
大きさ W×D×H	26.6cm×36.3cm×49.2cm	25.4cm×11.4cm×19cm	30.5cm×18cm×7.5cm	—
質量	23kg	4.9kg	3.47kg	—

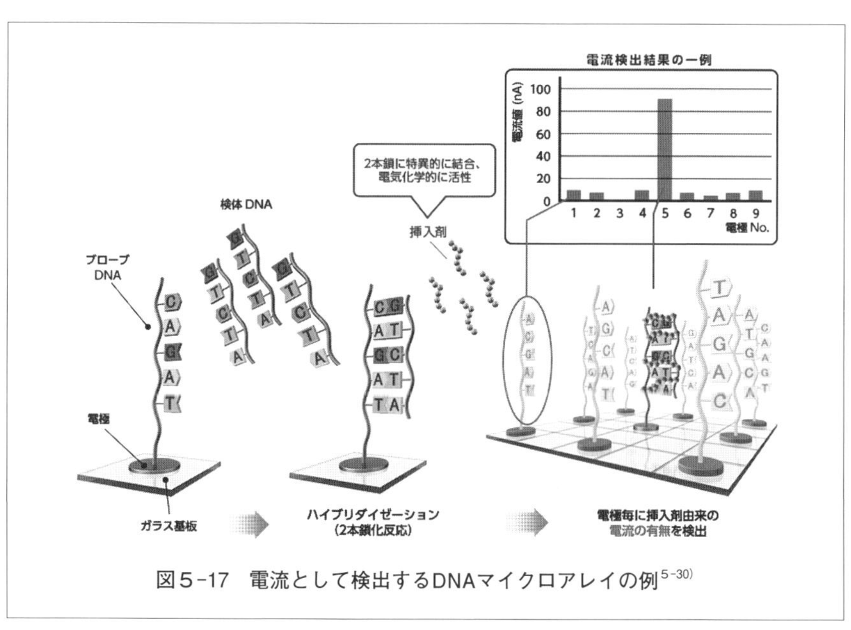

図5-17　電流として検出するDNAマイクロアレイの例[5-30)]

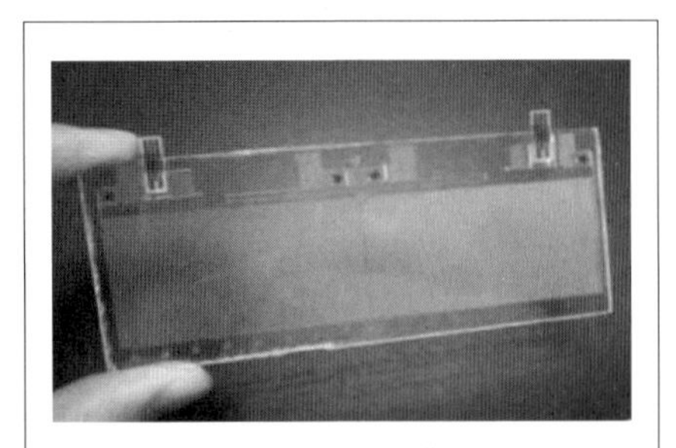

図5-18　炭疽菌検知用セグメントフロー超高速PCRデバイス[5-31)]

のための犯罪・テロ対策技術等を実用化するプログラム（可搬型生物剤・化学剤検知用バイオセンサの開発）」では、大阪大学が責任機関となり産業技術総合研究所、岡山理科大学などとともに可搬型生物剤・化学剤用バイオセンサシステムの開発を平成23年度から27年度まで行った。このプロジェクトは大気捕集ユニット、炭疽菌用超高速PCR（**図5-18**）、ボツリヌス毒素用人工糖鎖バイオセンサ、化学剤用酵素バイオセンサの開発成果などを活用し、特に生物剤については測定開始から結果表示までに15分以内とした質量15kg以下の全自動バイオセンサシステムを開発するものである[5-31)]。

DNAマイクロアレイや炭疽菌検知用セグメントフロー超高速PCRデバイスはチップ上に微細加工された流路を形成しそれを制御するラボ・オン・チップ技術が活用されている。

（4）除染技術

連続的に警報、採集、識別を行うには、次の測定点での前の測定の影響を取り除くためシステムの適切な除染が必要となる。使い捨て部品の使用と薬剤での洗浄が主要な方式である。特に遺伝子解析方式の場合、1個のDNAでも残っていると増幅されることにより検知される可能性があり、この意味で遺伝子解析方式は感度が高いので、薬剤により十分に洗浄を行い、また使い捨て部品を最大限に活用してシステムを構築することが重要となる。

（5）一体型生物剤検知システム

大気中に浮遊している生物剤の監視、捕集から剤種識別までが一体型となっている生物剤検知評価システムの例を**表5-11**に示す。

表5-11　一体型生物剤検知評価システムの例[5-32)～5-34)]

製品名	Research International Bio Hawk	Chemring JBPDS	BioWatch
国名	米国	米国	米国
外観			
仕様	ポータブル全自動検知器 エアロゾル収集と分析が行える 検知は免疫学的測定法8種同時計測が可能 分析時間は10～15分	レーザ誘起蛍光検出 パーティクルカウンターで警報、エアロゾル収集のトリガーとなる 検知はイムノクロマト法 吸引量は、数百L/分	細菌、ウイルス、毒素に対応 検知はPCRなどを使用 据置型の自律システム（Lab in a box）でエアロゾルの収集、分析、識別情報ネットワーク共有を行う
大きさ W×D×H	35.6cm×17.1cm×35.6cm	762cm×508cm×914cm	—
質量	12.1kg	124.7kg	—

Bio Hawkはポータブル型の全自動検知器であり、検知原理として免疫学的測定法を使用している。JBPDSは、レーザ誘起蛍光式のパーティクルカウンターを搭載しており、剤の識別についてはイムノクロマト法を使用している。BioWatchは据置型の全自動システム（Lab in a box）であり、エアロゾル収集、分析、剤の識別、ネットワークでの情報共有を行う。

2.3　放射線検知技術

放射線とは放射性元素の崩壊に伴って放出される粒子線または電磁波のことである。放射線を計測する技術は原理的には、放射線によるシンチレーションなどの発光を利用する技術、放射線によるガスあるいは半導体の電離現象を利用する技術、泡箱や飛跡など放射線照射による二次効果を利用する技術に大別される。シンチレーションとは放射線が蛍光物質に衝突したとき、短時間発光する現象である。

（1）放射線によるシンチレーションなどの発光を利用する技術

米国ではNaIシンチレーション検出器プローブを有する可搬型のスペクトル・サーベイ・メーターが実用化されている。この装置は現場における核種分析と強度測定、線量と計数率測定およびスペクトル収集と分析などができる。最近ではNaIシンチレーション検出器よりもエネルギー分解能および検出効率に優れているLaBrシンチレーション検出器を用いた可搬型のスペクトル・サーベイ・メーターが登場している（**図5-19**）[5-35]。

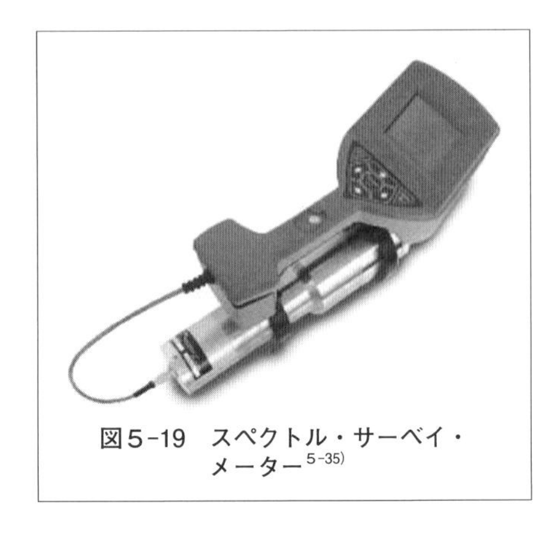

図5-19　スペクトル・サーベイ・メーター[5-35]

（2）放射線によるガスあるいは半導体の電離現象を利用する技術

わが国では、Si半導体検出器を用いたγ線および中性子線用の直読式個人線量計が普及している。しかしながら軍用に供するためには、耐衝撃性、耐環境性などを考慮しなければならない。

ここではCBRN検知技術のうちポイント検知技術に絞り、検知原理を中心にその概要を述べた。特に生物剤検知技術はその基盤となる生命科学分野の著しい発展と、エレクトロニクス、情報技術との融合によって広範でダイナミックなものとなっている。将来的には、新たに出現する脅威に対抗するため、アプタマーなど人工生体由来物質の活用やラマン分光分析に代表される物理化学的方式、複雑なシステムを小型、軽量に実装するためのラボ・オン・チップ技術が重要になってくると考えられる。

3．CBRN防護技術

CBRN防護技術とは、化学剤（Chemical）、生物剤（Biological）、放射性物質（Radiological）および核物質（Nuclear）から身体等を防護するための技術である。これらの脅威対象物質のうち、化学剤は、気体、微小液滴として空気中に存在し、あるいは土壌、装備品等の表面に付着している可能性がある。生物剤は戦場では、エアロゾル状（微粒子が空気中で浮遊している状態）で用いられることが多く、傷口等からの経皮感染もあるが、体内発症の確率の高さから、経気道からの吸入に対する防護が重要である。また放射性物質および核物質のうち、本項ではフォールアウトと呼ばれる核爆発や原子力関連施設での事故などで生じた放射性物質を含んだ塵（放射能塵）に対する防護について述べる。これらの脅威対象物質の人体への侵入経路としては、いずれも呼吸器系および目からの侵入と皮膚からの浸透があり、防護方法としては、主として気密性の高い防護器材による外界との隔離や、吸着剤やろ剤を用いたろ過などの分離による方法が用いられている。このような防護器材として、防護衣、防護マスク、防護シェルタ、空気浄化装置等がある。

防護技術には、行動する隊員個人を防護する個人防護技術と指揮所等隊員集団を防護する集団防護技術があるが、ここではこのうち個人防護技術について述べる。個人防護技術とは隊員個人を直接防護する技術で、呼吸器系および目からの侵入を阻止する技術（防護マスク技術）と皮膚からの浸透を阻止する技術（防護衣技術）とに分類される。また防護マスクおよび防護衣は、個人防護装備システムとして全体で人員を防護することから、そのシステム化技術およびシステムとしての評価技術も重要である。

3.1　防護マスクに使われる技術

防護マスクは、化学剤、生物剤およびフォールアウトから呼吸器系および目

図5-20　00式個人用防護装備の防護マスク

等を防護する防護器材であり、一般的には防塵機能付きのろ過式呼吸用保護具に分類される[5-38]。主として顔全体を覆う全面形防護マスクと吸収缶等から構成されており、接顔部等にはゴム、防護マスクのアイピースには透明なプラスチックあるいはガラス等が使用され、顔全体を覆うことにより呼吸器系および目等を防護する構造となっている。現在、陸上自衛隊で装備化されている00式個人用防護装備の防護マスク（**図5-20**）は、マスク面体はシリコンゴムを使用し、顔面とのフィット性の向上を実現している。

防護マスクの吸収缶には、エアロゾル状の生物剤やフォールアウトの侵入を防ぐ高性能フィルターおよびガス状の化学剤を吸着する活性炭が使用されている。活性炭のガス吸着性能は表面積および添着物によって決定されるので、活性炭およびその添着物に関する研究は世界的に行われている。また近年では、一般産業での有害物質流出事故等を想定し、TICs（有害産業化学物質）にも対応することが求められるようになっている。

最新のフィルターの技術としては、フィルターの長寿命化、通気抵抗低減化を目的として、ナノファイバーフィルター等の新しい素材の研究開発も進められている。また近年、注目を集める多孔質材料 MOF（Metal Organic Framework：金属有機構造体）も、種々の化学修飾により物質中のP-F、P-O、C-Cl等の結合を切断することが報告されており[5-39]、化学剤を無毒化する機能をもたせることができれば、新しい高性能フィルターの素材となりうる可能性が期待される。

防護マスクでは、防護性能とともに、通気抵抗も重要な要素である。通気抵抗の上昇は装着者の生理的負担を増大させるだけではなく、防護マスクの気密性を損ねる恐れがある。通気抵抗を低減する方法として、一定流量の送気を行うブロワー付き防護マスク（電動ファン付き呼吸用保護具〔Powered Air Purifying Respirators：PAPR〕）が知られている。しかし、ブロワー付き防護マスクは吸気していないときは過剰な風圧がかかり、逆に生理的負担になること、また吸気していない時にも稼働する分のモーター回転の電力が、電池の消耗を促進するという欠点があった。この欠点を克服するため、わが国では呼吸に追随して電動ファンを動かし、呼吸の負荷を軽減する呼吸追随型ブロワー付きの防護マスクが開発され、注目されている。マスクの通気抵抗を下げるだけでなく、マスク内の圧力を陽圧に保つことで面体と顔面との隙間からの塵の侵入を防ぐことができる。

米国では、生理的負担の低減と他の装具との適合性向上を目的としたJoint Service General Purpose Mask（JSGPM）の開発が進められており、2009年に装備化された防護マスクはAVON社製のM50シリーズマスクである。これは折れ曲がりが可能で単眼式のアイピースによる広い視界、明瞭に声が伝わる伝声マイクによる伝声性などの優れた特徴をもつ。また特殊任務用NBC防護マスクJSGPM（M53）（**図5-21**）では、M50と同等性能で呼吸器、電動ファンとの連接が可能である[5-40), 5-41)]。

また将来の防護マスクとして、防護マスクとヘルメットを一体化し送風機を内蔵した装備を発表している[5-42)]。

図5-21　特殊任務用NBC防護マスクJSGPM（M53）[5-43)]

航空機等の乗員用の防護マスクには、操縦に支障を及ぼさないために極力広い視野が必要であり、また時々刻々の状況を的確に伝達するための通信機との適合性が求められる。実際に、平成23年3月11日以降の東日本大震災に伴う原子力緊急事態等への対応において、初動対処にあたった航空機および車両の乗員から、視界の制限、通信確保の困難さ等の操用性の更なる改善を求める声があった。そこで現有装備品の防護性能を維持しつつ航空機等乗員の操用性を高めた防護マスクについて、単眼式アイピースの採用による広視野化およびスピーカー等による現用通信装置（航空機・車両）との適合化について検討が進められている[5-44)]。

米国では、航空機搭乗員用の防護マスクがすでに装備化されている点が特徴として挙げられる[5-45), 5-46)]。各軍それぞれで研究開発を実施してきた経緯があるものの、現在はファミリー化を指向したJoint Service Aircrew Mask（JSAM）の開発が進められている。低酸素状態への対応が必ずしも必要とされない回転翼機用の防護マスク（JSAM Rotary Wing）に加えて、高高度を飛行することから加圧呼吸が必要とされる固定翼機用の防護マスク（JSAM Fixed Wing）まで幅広く対象としている（**図5-22**）。

将来の航空機搭乗員用の防護マスクとしては、非常着水時に水中で呼吸するための小型酸素ボンベ（スペアエアー）との適合化を図りつつ、夜間飛行時に

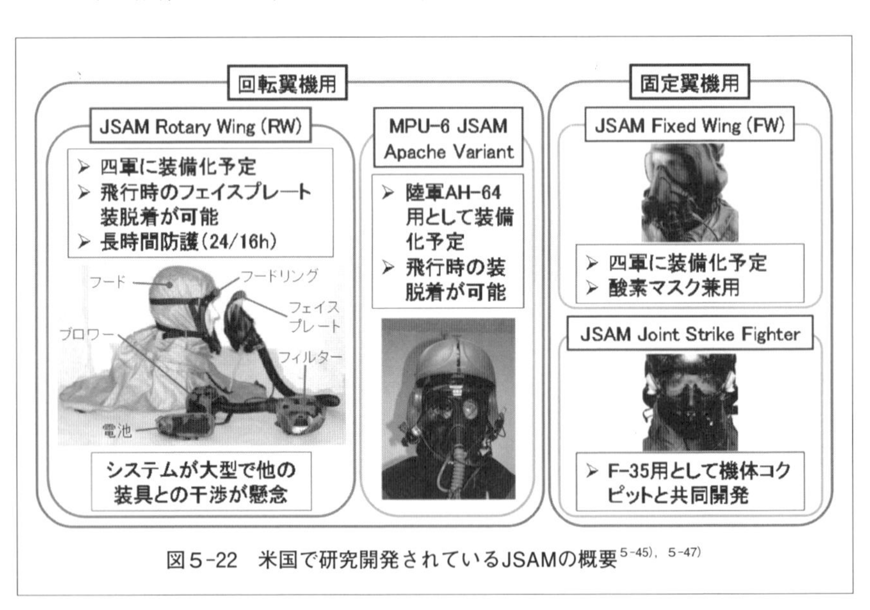

図5-22　米国で研究開発されているJSAMの概要[5-45), 5-47)]

図5-23　小型吸収缶付きの半面形防護マスク[5-48)]

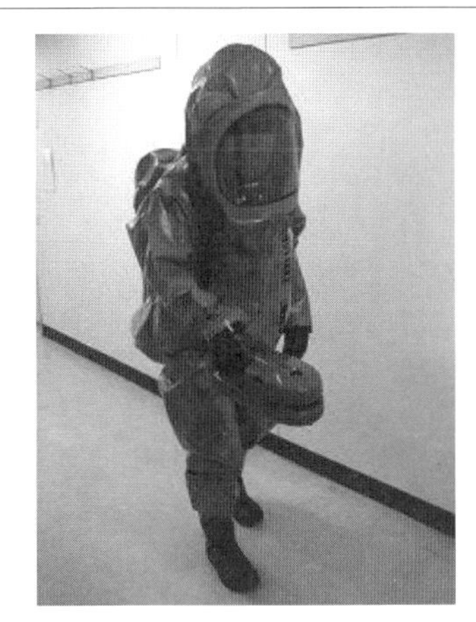

図5-24　気密防護衣[5-50)]

使用する暗視眼鏡付き航空ヘルメットへの対応が必要であることから、それらについても更なる検討を進めていくことが不可欠であると考えられる。

また平成26年9月の御嶽山噴火時における対応では、気圧の低い山岳地帯での救助活動を余儀なくされたため、火山ガスに対応した通気抵抗の小さな小型吸収缶付きの半面形防護マスク（**図5-23**）も使用された。特殊災害や都市型テロ等を考慮した場合には全面形の防護マスクに限らず、半面形の防護マスクとフードの組合せによって最適化を目指す試みについても今後、期待されるところである。

3.2　防護衣に使われる技術

個人防護技術のうち、呼吸器系および目以外の皮膚等の身体を化学剤、生物剤およびフォールアウトから防護するのが防護衣である。防護衣には、化学剤、生物剤およびフォールアウトの侵入および化学剤の浸透を防ぐ防護性能とともに、人員が着用して使用する器材であることから、汚染環境下においても戦闘行動等を可能とするよう、生理的負担の低減、操用性の向上が求められる。

化学剤や生物剤が散布された地域に踏み込み、除染等の作業を実施する際に着用する防護衣には、個人が空気ボンベを背負ったタイプの気密防護衣（**図5-24**）がある。このタイプの防護衣は、着用者の安全確保を第一に考えたものであり、各種行動の際に持続時間や行動範囲に制限を受ける。作業用および戦闘用の防護衣としては、1930年代にゴム引き布を使用したものが開発された。ゴム引き布を使用した防護衣は防護性には優れるが、通気性や透湿性がないため熱ストレスが大きく、戦闘行動には不向きである。ゴムの素材の改良を経て第２次世界大戦後も引き続き使用されてきたが、現在では主に汚染地帯に進出して除染等の作業を行う特技者用の防護衣として使用されている。一方、戦闘行動や長時間の作業に対応するために熱ストレスの低減を図ることを目的として、1960年代に入って、化学剤を吸着層で吸着させることで衣服内に浸透させない、通気性のある防護衣が開発された。これは、外側の撥水撥油層と内側の吸着層の多層構造となっており、戦闘行動時に使用する防護衣として使用されている[5-49]。わが国の陸上自衛隊には、化学防護衣（**図5-25**）および00式個人用防護装備（**図5-26**）が装備化されている。戦闘の最前線で高いCBRN脅

図5-25　化学防護衣[5-50]

図5-26　00式個人用防護装備[5-50]

威に曝されるような運用場面以外で使用される防護衣に関しては、着用者の安全を確保した上で必要以上の防護性能の追求を抑制し、操用性を重視したものを提供できるようトレードオフ検討が有望視される。

わが国の陸上自衛隊で装備化されている00式個人用防護装備の防護衣は、主として液状の化学剤の浸透を防ぐための外層布には撥水撥油加工を施し、内層布には液状化学剤の浸透を防ぐ機能のほか、活性炭を用いてガス状の化学剤に対して防護する多層構造のものを使用している。内層布については繊維状活性炭を使用しており、性能および装着感が優れている。

外層布には、危険な液滴が防護衣素材の表面から内部に浸透することなく、はじかれるようにするための撥水撥油加工が施されている。撥水撥油加工は布表面の表面張力を下げて液体を表面に液滴としてとどめ、それにより内部に浸透するのを防ぐものであり、フッ素系撥水撥油剤が水や油を効果的にはじくことができ、耐久性にも優れていることからコーティング剤や繊維製品の表面処理剤として広く用いられている。しかし、撥水撥油剤を含む一部のフッ素製品は、PFOA（パーフルオロオクタン酸）（**図5-27**）と呼ばれる炭素数８の化学物質（C８）を含有している。PFOAは、環境中で分解されにくく蓄積しやすい性質を有しており、環境中や野生動物中での蓄積レベルの上昇について懸念がもたれるようになった。

このため世界の主要フッ素メーカー８社（デュポン、３M/ダイネオン、旭硝子、ソルベイ・ソレキシス、アルケマ、クラリアント、BASF、ダイキン工業）は「PFOA自主削減プログラム（PFOA2010/2015スチュワードシップ・プログラム）[5-51]」に参加し、PFOAの削減に取り組んでおり、フッ素系撥水撥油剤についてもC８を原料とした撥水撥油剤（C８撥水撥油剤）からC８のPFOAを含有しない炭素数６の化学物質（C６）を原料とした撥水撥油剤（C６撥水撥油剤）へと切り替えを行った。C６撥水撥油剤は、

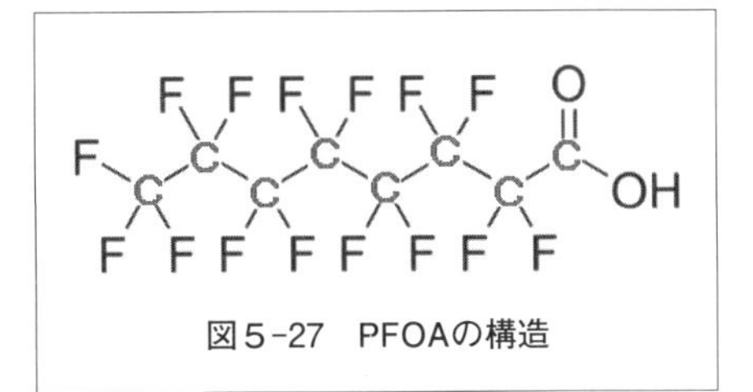

図5-27　PFOAの構造

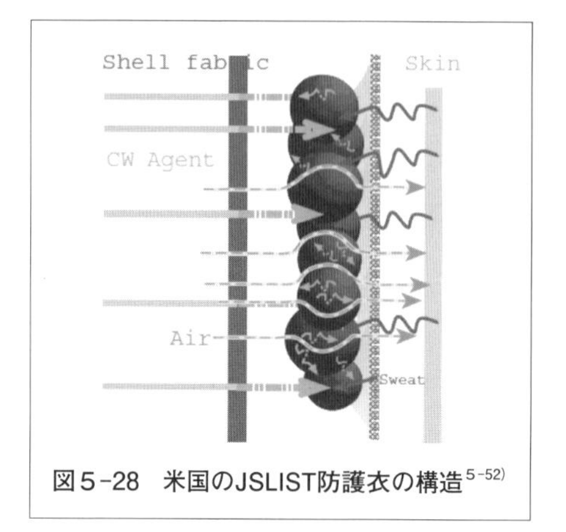

図5-28　米国のJSLIST防護衣の構造[5-52)]

現状ではC８撥水撥油剤に比べて撥水撥油性能が劣るため、C６撥水撥油剤を加工した防護衣の耐液浸透性能は従来のものより低下するおそれがあるが、わが国においては従来の防護衣から性能が低下しないようなC６撥水撥油剤および防護衣素材の検討がなされている。

先進諸国においては防護性能を担保しつつ、生理的負担の低減および操用性の向上のために重量や熱ストレスの低減を図った防護衣の開発が進められており、軽量かつ通気性・化学剤防護性をもつ新素材を防護衣に取り入れる研究が行われている。米国では、陸軍、海軍、海兵隊および空軍共用の統合型NBC防護衣としてJSLIST（Joint Service Lightweight Integrated Suit Technology：統合軽量スーツ一体化技術）プログラムがある。外層布は撥水撥油性をもつ50%ナイロン／50%コットンの混紡糸織物で、内層布はビーズ状活性炭を不織布と織物で挟んだ積層構造となっている（**図5-28**）。

衣服のデザインとしては、フード付の上衣とセパレート式のズボンから構成されていて、防護能力を損なうことなく６回まで洗濯が可能で、45日間の事前着用後においても24 時間の防護が可能とされている[5-53)]。JSLIST Block ２では、素材の軽量化、熱ストレスの低減、POLs（Petroleum, Oils, and Lubricants）対応、手袋の操用性向上等を目標に改善が行われた[5-54)]。また米国では防護マスクと同様に、一般隊員用の防護衣に加えて、航空機搭乗員用の防護衣を独自に研究開発して装備化を達成している点も特徴的である（**図5-29**）。JPACEは航空服と同様のつなぎ形状の防護衣とフードの組合せであり、JSLISTとはデザインが大きく異なっている。

仏国で採用されているPaul Boyé Tech-nologies社製の防護衣は、軽量化と接合部の気密性向上を掲げ、内層布にニット状の繊維状活性炭を使用し、衣服

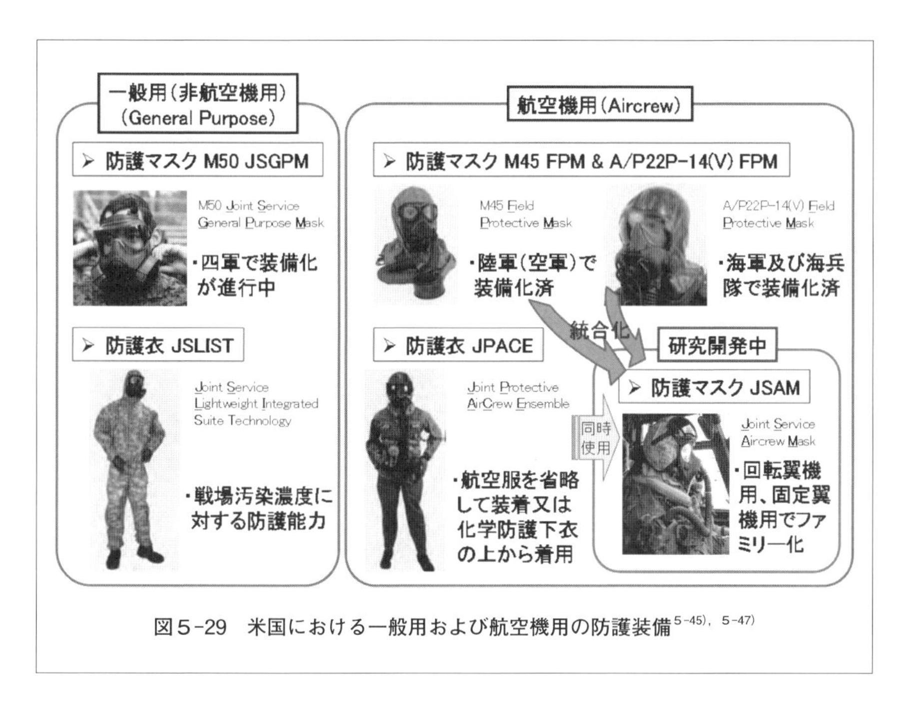

図5-29　米国における一般用および航空機用の防護装備[5-45), 5-47)]

のデザインとしては二重袖構造のツーピース防護衣となっている。また手袋やシューズについても従来のゴム素材から防護衣素材を用いた手袋や靴下を採用する等、熱ストレスの低減を図っている。

同社の防護衣はスウェーデン軍の一部でも採用されている[5-55)]。英国が採用しているRemploy Frontline社製の防護衣MkⅣaは、上衣とズボンのツーピース防護衣となっている。締めひもやズボン吊部等における各種パーツが簡素化されており、軽量化に寄与している。

また米陸軍では、防護衣等に付着した化学剤や生物剤による２次汚染を抑制することを目的に、自己除染技術について研究が進められている。自己除染技術は、繊維への練り込み技術や後加工技術等の防護衣素材への担持技術の他、除染の反応サイトの触媒化技術、反応速度の問題等課題が残されているものの、実現すれば２次汚染の防止あるいは化学剤および生物剤に対する防護性能の一層の向上にも寄与するとして注目される。

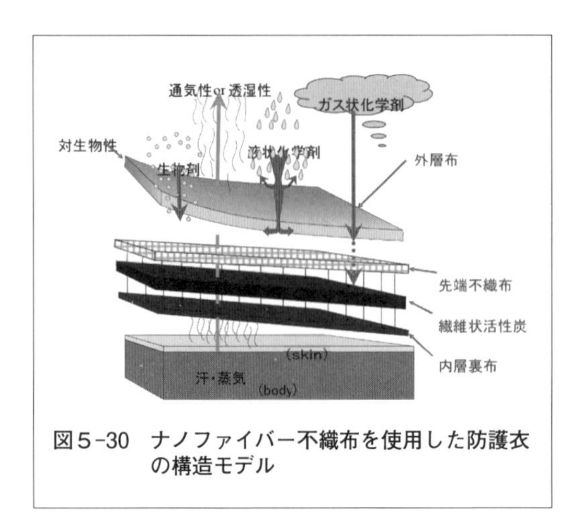

図５-30　ナノファイバー不織布を使用した防護衣の構造モデル

一方、新しい技術としてはナノテクノロジーが注目されている。そのうち個人防護技術の分野では、軽く、繊維重量あたりの表面積が極めて大きいナノファイバーに期待が寄せられている。米国ではすでにナノファイバーを取り入れることにより、兵員の服や装備をできるだけ軽量化した上で耐熱性、防弾性、対化学剤・生物剤防護性、快適性等をもたせる研究が進められている[5-56]。**図５-30**にナノファイバー不織布を使用した防護衣の構造モデルを示す。ナノファイバー不織布は、通気性を有しながらエアロゾル状の生物剤に対する遮蔽性が高いという特徴があるが、ガス状の化学剤に対する防護性はないため、現時点では活性炭層との複合化が必要である。しかし、近年、ナノファイバーの表面を化学修飾したり、ナノファイバー自身を多孔質化したりする等、ナノファイバーの高機能化、高性能化が進んでいることから、防護衣の防護性能の向上および軽量化につながることが期待される。

米国防総省は、ナノテクノロジーには歩兵戦闘装備の重量を100ポンドから40ポンドにまで削減する能力があると予測している[5-57]。これは将来の兵士近代化プログラムとして、戦闘服にCBRN防護機能の他、センサ組み込み等によりさまざまな付加的機能をもたせるもので、CBRN防護技術の枠を超えるものであるが、ナノファイバーだけでなくナノチューブ等によるナノデバイスの活用により、必要な機器をすべて組み込み、ネット接続された戦闘装備を身に着ける構想である。

3.3　個人防護装備のシステム化技術

個人用の防護装備について、防護衣および防護マスクを一つの防護装備システムとして捉え、人員が着用し、さまざまな戦闘行動等を行う際の防護性能の向上および熱ストレス等生理的負担の低減や操用性の向上が図られている。

防護装備システムの熱ストレスの低減については、多様な事態への対応、特に酷暑地や砂漠地域等の厳しい環境下での隊員の活動を考慮し、生理的負担を低減するための冷却ベスト等の冷却システムの必要性が増大している。冷却方法としては冷媒循環方式、PCM（Phase Change Material）方式、強制送風方式、ペルチェ方式等がある。冷媒循環方式は氷で冷やした水等の冷媒を、チューブが張り巡らされた衣服内に送り込み冷却する。衣服の他にポンプ・電源・タンク等を要する。PCM方式はパラフィン等のPCMを用いて相変化による潜熱により冷却を行う（広義の意味ではアイスパックも含める）。強制送風方式は汗が気化する際の吸熱作用を利用し冷却する。強制送風により、その蒸気を逐次除去し発汗を促進させる。ペルチェ方式は、ペルチェ効果を利用した板状の半導体素子で冷却する。ペルチェ効果で冷やした水等の冷媒を循環させることになるので、冷媒循環方式の一種とも考えられる。今後、複数の方式を組み合わせる方法等も視野に入れて、冷却能力、軽量化、持続時間等のトレードオフの検討によって設計していく必要がある[5-49]。

個人防護装備の防護性能を防護衣、防護マスクの単体としてだけでなく、一つのシステムとして評価するためには、ガスの侵入を定量化するマンテストおよびマネキン等を用いた試験が必要であり、わが国においても化学剤および生物剤の擬剤を使用し、可動マネキンにより試験評価を実施している。一方、英国では可動マネキンによる防護性能評価方法を確立しており、2014年に新たに発表された可動マネキン「New Porton Man（**図5-31**）」では従来モデルに比べ複雑な動作が可能となり、リアルタイムモニタリングが可能なシステムとなっている[5-58]。英国の可動マネキンによる防護性能評価方法は、カナダやヨー

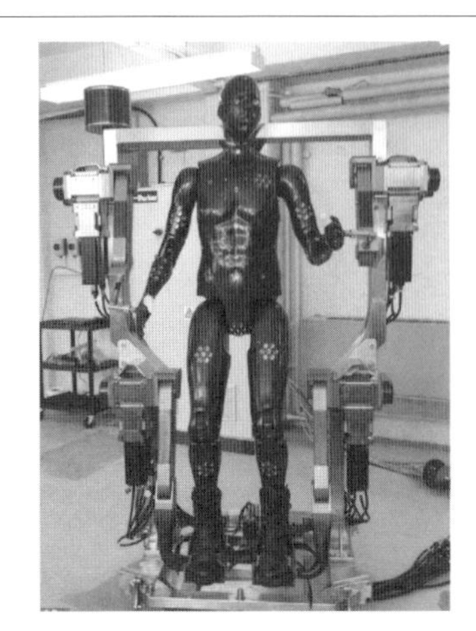

図５−31　英国の防護性能評価用の可動マネキンNew Porton Man[5-58)]

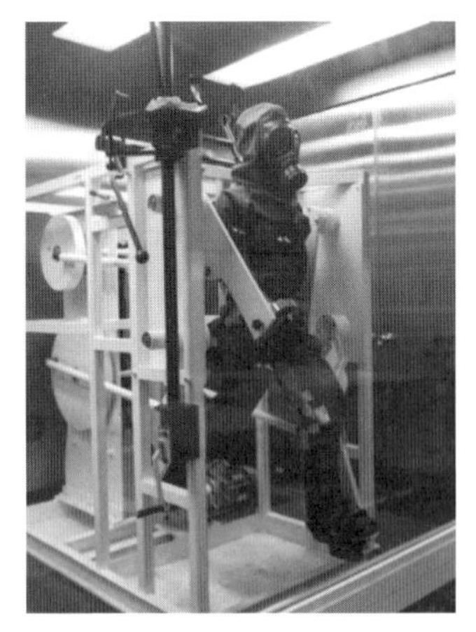

図５−32　防護性能試験評価装置の可動マネキン

ロッパ諸国で標準的試験方法として導入されている。

わが国としても、当該分野において英国との間で技術交流を推進することで、わが国の防護装備に関する技術基盤が強化されることを期待し、英国との間で平成25年７月、日英間の防衛装備品等の共同開発等に係る政府間枠組み[5-59)]が締結され、化学・生物防護技術に係る共同研究を実施している。これは日英が防護装備システムおよびその素材について実施している試験について、試験評価方法を互いに提示し議論するもので、ここで検討する試験評価方法には、化学剤の脅威からどれだけ身体を守ることができるか評価する防護性能試験と、熱ストレスを評価する生理負担性能試験の２種類が含まれている。防護性能試験を一例として挙げると、わが国では**図５−32**に示す装置を用いて試験評価を実施している。防護装備システムをチャンバ内の可動マネキンに装着し、歩行運動をさせた状態で化学剤を模擬した無毒なガスを充満させ、防護装備システム内外のガス濃度をガス計測装置で測定することにより、防護性能を評価している。日英の試験では、マネキン、治具等の試験装置や使用する化学剤ガスの種類、濃度等の試験細部条件に相違点がある。今回、双方の防衛装備品を対象とし試験データを共有することで、日英双方の試験評価方法の特徴を踏まえ、共通点と相違点を理解した上で本質的な関係性を抽出し、共通基盤を確立するものである[5-60]。

CBRN防護技術のうち個人防護技術について、防護マスクおよび防護衣の技術を中心に述べた。将来の戦闘行動用の個人防護装備は、特に奇襲的に行われるNBC攻撃の特性、事前に察知することが技術的に難しい状況等があることから、常時着用できる個人防護装備を目指して開発されるものと考えられる。常時着用するという観点から、戦闘服等の一般的な個人用装備品と競合した機能を有するため、これらと統合した開発が進められるものと考えられる。米国、仏国等の将来兵士構想において、ヘルメットに防護マスク機能や情報表示機能等、また戦闘服に防護衣機能や防弾機能等を付加しようとする試みもある。その際には、防護性能の担保とともに生理的負担の軽減がますます重要な課題となる。

特殊災害や都市型テロ等、対象脅威の多様化から、個人防護装備が対応する場面の幅は今後ますます広がるものと考えられ、単に人員をCBRNの脅威から保護するだけでなく、通信やセンサ機能の一部を担ったりしながら、かつ快適性の高い装備を実現することが求められる。これらの要求に応えるため、特に新しい素材の開発と人間工学的見地からのデザインの最適化がますます進んでいくことが期待される。

<参考文献>

1－1）兵器と技術、1972年1月号、p.20、日本兵器工業会、1972。
1－2）野和田清吉、戦闘装軌車両懸架装置の油空圧技術、油圧と空気圧、第19巻第2号、p.35、日本油空圧学会、1988。
1－3）横浜ゴム株式会社編、自動車用のタイヤの研究、p.61、山海堂、1995。
1－4）林磐男、タンクテクノロジー、p.191、山海堂、1992。
1－5）http://www.combatreform.org/bandtracks. htm
1－6）山田晃也、「戦車の変速操向機」、防衛技術ジャーナル（防衛技術協会）2012.3。
1－7）石川豊彦、「戦車用エンジンに関する基礎講座」、戦車マガジンVol. 13-Vol. 14（戦車マガジン）、1990-1991。
1－8）林磐男、タンクテクノロジー（山海堂）、1992。
1－9）「最近の科学技術の動向―循環型社会を実現するバイオディーゼル燃料技術―」、第57回総合科学技術会議、2006.7。
1－10）喜多野晴一、内燃機関概論（日刊工業新聞社）1994。
1－11）石井豊喜他、「戦闘車両用高過給2サイクルディーゼルエンジンの研究」、防衛技術（防衛技術協会）、1981.4。
1－12）松村哲也、「過給式空冷ディーゼル機関の開発について」、日本機械学会誌 第73巻 第615号（日本機械学会）、1970.4。
1－13）「新戦車に関する外部評価委員会の概要」（防衛省技術研究本部）、2003.10。
1－14）志村明彦、「10式戦車の技術試験」、防衛技術ジャーナル（防衛技術協会）、2012.3。
http://www.jama.or.jp/lib/jamagazine/201108/07.html
1－15）石川豊彦、「電動機は未来エンジンの本命になりうるか」、戦車マガジンVol.13 No.10（戦車マガジン）、1990。
1－16）椿尚実、「電気駆動システム」、防衛技術ジャーナル（防衛技術協会）、2003.11。
1－17）平秀隆他、「Research on a Series Hybrid System for Heavy Tracked Vehicle」、第22回国際電気自動車シンポジウム予稿集（日本自動車研究所）、2006.10。
1－18）「外部評価報告書：車両コンセプトデザイン技術の研究」（防衛省技術研究本部）、2009.12。
1－19）Keith Campbell, “ELECTRIC DRIVE: New propulsion system under test for army's fighting vehicles”, Engineering News, Nov 3-9 Vol.26 No.42, 2006.
1－20）“GROUND COMBAT VEHICLE（GCV）”, BAE SYSTEMS, Inc., 2012.
1－21）“TRACTION DRIVE SYSTEM（TDS）”, BAE SYSTEMS, Inc., 2011.
1－22）http://www.aozora.gr.jp/cards/000055/card365.html
1－23）http://www.milcan.org/Downloads/MilCAN_Presentations/CANBus_on_Engineering_Vehicles_for_the_British_Army_Presentation.pdf
1－24）http://www.toyota.co.jp/jpn/tech/safety/technology/technology_file/active/vsc.html
1－25）http://www.subaru.jp/eyesight/
1－26）http://www.honda.co.jp/CR-Z/

2－1）http://www.armyrecognition.com/t-80_variantes_du_char_de_combat_principal/t-80bv_pictures_gallery_main_battle_tank_t-80_bv_t-80bv_russian_army_russia.html

2－2）Benjamin F. Schemmer, "Soviets Publish Some of Wests Most secret Anti-Armor Techniques", Armored Forces Journal International, no.12, 1983, p18.

2－3）http://fofanov.armor.kiev.ua/Tanks/ARM/apfsds/ammo.html

2－4）http://www.globalsecurity.org/military/systems/munitions/m107.htm

2－5）防衛省規格「装甲の耐弾性試験方法通則」、NDS Z 0011。

2－6）防衛省規格「装甲の運動エネルギー弾に対する耐弾性試験方法」、NDS Z 0012。

2－7）防衛省規格「装甲の化学エネルギー弾に対する耐弾性試験方法」、NDS Z 0013。

2－8）防衛省規格「装甲の破片等に対する耐弾性試験方法」、NDS Z 0014。

2－9）防衛省規格「火砲の弾丸速度測定方法」、NDS Y 1208。

2－10）弾道学研究会編「火器弾薬技術ハンドブック（2012年改訂版）」。

2－11）http://www.weibel.dk/pageView.aspx?ID=0&pageid=78&SubMenuID=dropmenu0&GrandMenuID=100&ParentMenuID=dropmenu0

2－12）http://www.tokai-planet.co.jp/img_dansoku/Dansoku_System.pdf

2－13）http://www.nobby-tech.co.jp/uploads/catalog/d01.pdf

2－14）http://www.mod.go.jp/rdb/tohoku/kouhou-3/kaname11.pdf

2－15）http://www.nacinc.jp/analysis/products/uhsc/ultracam/shoot.html

2－16）阪本雅行、"脆弱性解析シミュレーション"、防衛技術ジャーナル、pp.26、2008年９月。

2－17）Deitz, P., et al. "Fundamentals Of Ground Combat System Ballistic Vulnerability/Lethality（Progress In Astronautics And Aeronautics）Author."（2009）.

2－18）Ball, Robert E. "The fundamentals of aircraft combat survivability analysis and design."（2003）.

2－19）Deitz, Paul H., and Michael W. Starks. "The Generation, Use, and Misuse of PKs in Vulnerability/Lethality Analyses." Military Operations Research 4.1（1999）: 19-33.

2－20）Abell, John M., Mark D. Burdeshaw, and Bruce A. Rickter. *Degraded States Vulnerability Analysis: Phase 2.* No. BRL-TR-3161. ARMY BALLISTIC RESEARCH LAB ABERDEEN PROVING GROUND MD, 1990.

2－21）Mats Hartmann, "Component Kill Criteria—A Literature Review", Swedish Defence Research Agency, FOI-R-2829-SE, August 2009.

2－22）Ballistic Analysis Laboratory, Institute for Cooperative Research, The Johns Hopkins University, "The Resistance of Various Metallic Materials to Perforation by Steel Fragments; "Empirical Relationships for Fragment Residual Velocity and Residual Weight", Project THOR Ttechnical Report No.47, AD322781, 1961.4

2－23）McCleskey, Frank, D. N. Neades, and R. R. Rudolph. A Comparison Of Two Personnel Injury Criteria Based On Fragmentation. ARMY BALLISTIC RESEARCH LAB ABERDEEN PROVING GROUND MD, 1990.

2－24）弾道学研究会、"火器弾薬技術ハンドブック"、2012年。

2－25）日本外傷学会、日本自動車研究所監訳、日本外傷学会Trauma registry検討委員会訳、"AIS90（The abbreviated injury scale 1990 revision）Update 98、日本語対応版"、へ

るす出版、(2003)。
2-26) Craig Lester, "Protection of Light Skinned Vehicles Against Landmines A Review", DSTO-TR-0310, JUN 1997
3-1) 防衛省規格NDS Y0003B　火器用語（火砲）。
3-2) 自衛隊装備年鑑（2013-2014)、朝雲新聞社。
3-3) 弾道学研究会編、火器弾薬技術ハンドブック（2012年改訂版）、一般財団法人　防衛技術協会。
3-4) 防衛省技術研究本部HP、"ドーム射場試験"
http://www.mod.go.jp/trdi/news/1311_3.html
3-5) 防衛省規格NDS Y1207　火砲の薬室圧力測定方法。
3-6) 岩泉他、"電子熱加速方式の研究（射撃試験）"、防衛省技術研究本部技報　第70225号、平成20年12月。
3-7) 米海軍における電磁砲の研究、
http://www.onr.navy.mil/en/Science-Technology/Departments/Code-35/All-Programs/air-warfare-352/Electromagnetic-Railgun.aspx
3-8) 防衛省規格Y 0002B　火器用語（小火器）。
3-9) 津野瀬光男、小火器読本（かや書房）1994。
3-10) 世界の銃パーフェクトバイブル完全版（学研パブリッシング）2010。
3-11) GUN用語辞典（国際出版）1999。
3-12) 佐山二郎、小銃　拳銃　機関銃入門（光文社NF文庫）2000。
3-13) 床井雅美、最新軍用銃事典（並木書房）2013。
3-14) NATO規格STANAG 2324　ピカティニーレール。
3-15) 先進装具システム（その2）の研究試作、防衛技術シンポジウム2009展示資料。
3-16) 弾道学研究会、火器弾薬技術ハンドブック（防衛技術協会）2012。
3-17) Wikipediaの使用可能な図より引用。
3-18) http://www.mod.go.jp/trdi/research/gijutu_riku.html
3-19) http://www.mod.go.jp/trdi/research/gijutu_senpa.html
3-20) http://www.mofa.go.jp/mofaj/gaiko/kaku/npt/index.html
3-21) http://www.mofa.go.jp/mofaj/gaiko/bwc/cwc/index.html
3-22) http://www.mofa.go.jp/mofaj/gaiko/bwc/bwc/index.html
3-23) http://www.mofa.go.jp/mofaj/gaiko/arms/cluster/
3-24) http://www.globalsecurity.org/military/systems//munitions/blu-118.htm
3-25) ジャパン・ミリタリー・レビュー、"軍事研究"、2001年12月号。
3-26) Wise S. and Law、H. C., "The low Vulnerability Ammunition Program", Army Research、Development & Acquisition Magazine, 25, 22-23 (1983) .
3-27) 木村潤一、有澤治幸、"「野戦砲用高安全性発射薬」の日米共同研究について"、防衛技術ジャーナル、Vol. 21、No.2、pp.4-11 (2001)。
3-28) Werner Arnold, "High Explosive Initiation Behavior by Shaped Charge Jet Impacts", Hypervelocity Impact Symposium 2012.
3-29) 弾道学研究会、"火器弾薬技術ハンドブック"、2012年。

3-30）Yves J. Charron, "Estimation of Velocity Distribution of Fragmenting Warheads Using A Modified GURNEY Method", AD A074759, Oct 1979.
3-31）Randers-Pherson, "An Improved Equation for Calculating Fragment Projection Angles", 2nd International Symposium on Ballistics, Mar 1976.
3-32）http://www.tttbg.net/CTCWRI-MTS/CMT03洞神部/CMT0309眾術類/CH030ALL/CH030946真元妙道要略.htm
3-33）http://www.newnetherlandinstitute.org/files/2013/5757/5054/THE_DELFT_THUNDERCLAP_OF_1654.pdf
3-34）http://en.wikipedia.org/wiki/File: Delftsedonderslag.jpg
3-35）http://www.standingwellback.com/home/2012/1/31/explosion-kills-3000-people-and-another-4000.html
3-36）http://www.greeklandscapes.com/greece/rhodes/rhodes-old-city.html
3-37）明治三十八年　軍艦三笠罹災関係、防衛研究所図書館所蔵。
3-38）P. Touze, "Towards safer munitions with MSIAC" ISEM 2008.
3-39）http://www.imemg.org/res/IMEMTS%202010/presentations/ingredients_7_Quiu.pdf
3-40）http://www.dtic.mil/ndia/2007im_em/ABriefs/ 8 Vogelsanger.pdf
3-41）http://content.time.com/time/specials/packages/article/0,28804,2029497_2030613_2029816,00.html
3-42）http://www.dtic.mil/ndia/2008gun_missile/6341HallsBernie.pdf
4-1）http://www.kge.co.jp/common/pdf/maintenance/06ground-penetrating.pdf
4-2）http://www.mod.go.jp/j/approach/hyouka/seisaku/results/13/jizen/youshi/18.pdf
4-3）イラストで読むＱ＆Ａ　「作戦橋梁って？　ふつうの橋とどこが違うの？」防衛技術ジャーナル（平成20年６月号）。
4-4）橋の科学　土木学会関西支部編　田中輝彦／渡邊栄一　他著　株式会社　講談社。
4-5）「陸上自衛隊の架橋技術」國方貴光 著 防衛技術ジャーナル（平成23年８月号）。
4-6）陸上自衛隊HPより引用。
4-7）自衛隊装備年鑑2013－2014 ｐ81　朝雲新聞社編集局編著　朝雲新聞社。
4-8）防衛省技術研究本部の研究紹介2014「第３回　CBRN対応遠隔操縦作業車両システムの研究」上村圭右 著 防衛技術ジャーナル（平成26年６月号）。
5-1）R. Britter and et al, "MODEL EVALUATION GUIDANCE AND PROTOCOL DOCUMENT", COST Action 732 (Quality Assurance and Improvement of Microscale Meteorological Models, May 2007.
5-2）http://www.nsr.go.jp/activity/monitoring/monitoring6-4.html
5-3）http://www8.cao.go.jp/cstp/tyousakai/suisin/haihu13/sanko1-10.pdf
5-4）http://www.jsme.or.jp/pes/Research/A-TS08-08/03/14mnec.pdf
5-5）https://jacks.jpeocbd.army.mil/Jacks/Public/FactSheetProvider.ashx?productId=462
5-6）https://jacks.jpeocbd.army.mil/Jacks/Public/FactSheetProvider.ashx?productId=335

5－7）http://fas. org/irp/doddir/army/
FM 3-11.9. Potential Military Chemical/Biological Agents and Compounds, January 2005
5－8）http://www. bruker-cip. com/MM2.html
5－9）http://www. armystudyguide. com/content/Military_Equipment_Information/CBRN_Equipment_Information/m256 a 1-chemical-agent-det. shtml
5－10）http://www. stjapan. co. jp/products/651
5－11）http://www. jst. go. jp/shincho/socialsystem/program/shakai-sk/010205.html
5－12）http://www. militarysystems-tech. com/suppliers/biological-and-chemical-detection-field-and-real-life/proengin
5－13）https://www. seirogan. co. jp/fun/infection-control/infection/dengerous_pathogen. html
5－14）http://www. osaka-kyoiku. ac. jp/~deno/my_hp/SEM/himawari1.html
5－15）http://www. iph. pref. hokkaido. jp/charivari/2010_04/2010_04.htm
5－16）http://www. rex-rental. jp/tik/model8530.html
5－17）http://www. ecbc. army. mil/news/2015/tacbio-gen- 2 -ecbc-pushes-convention-bio-detection. html
5－18）http://www. lockheedmartin. com/us/news/press-releases/2012/april/0423-ms 2 -japan-signs-22- 4 -million-dollar-order-for-advanced-chemical. html
5－19）http://www. flir. com/threatdetection/display/?id=63310
5－20）http://www. chemringds. com/products/biological-detection/icollector. aspx
5－21）http://www. militarysystems-tech. com/suppliers/military-systems/bertin-technologies
5－22）http://www. southernscientific. co. uk/store/public/application/file//document/Tetracore_BioThreat_Alert_Reader. pdf
5－23）http://www. accutest. net/products/biological-environmental-ftk. php
5－24）http://www. resrchintl. com/PrintPages/RAPTOR_PrintPage. html
5－25）http://www. ncbi. nlm. nih. gov/probe/docs/techpcr/
5－26）http://biofiredefense. com/rapid/
5－27）http://biofiredefense. com/razorex/
5－28）http://pdf. directindustry. com/pdf/smiths-detection/bio-seeq-plus/35168-86920.html
5－29）http://www. toshiba. co. jp/tech/review/abstract/2011_01.htm
5－30）http://www. toshiba-medical. co. jp/tmd/products/dnachip/index.html
5－31）http://www. jst. go. jp/shincho/socialsystem/program/shakai-sk/010210.html
5－32）http://www. resrchintl. com/Biohawk_Bioidentification_System. html
5－33）http://ftnews. firetrench. com/2010/09/general-dynamics-awarded-30-million-for-joint-biological-point/
5－34）http://www. nationaldefensemagazine. org/archive/2014/March/Pages/CompanyCreatesBioWatch'LabinaBox'.aspx
5－35）http://www. sii. co. jp/jp/segg/products/survey-meters/1072/

5-36) JANE's Nuclear, Biological and Chemical Defence 2011-2012.
5-37) 岩波理化学事典　第5版、岩波書店、2000.
5-38) JIS T 8001：2006「呼吸用保護具用語」.
5-39) J. A. R. Navarro, Angew. Chem. Int. Ed., 54, pp. 6790–6794, 2015.
5-40) IHS Jane's, Jane's Nuclear, Biological and Chemical Defence 2011-2012 Twenty-fourth Edition, 2012, p.588.
5-41) http://www.avon-protection.com/products/m53.htm
5-42) Chemical & Engineering News, Volume 92 Issue 49, pp. 34-38, December 8, 2014.
5-43) http://www.dtic.mil/ndia/2005ussocom/tuesday/scheurer.pdf
5-44) 防衛省・自衛隊60周年 防衛技術シンポジウム2014「航空機・車両用防護マスクの研究」.
5-45) http://www.dtic.mil/ndia/2006cbip/hanks.pdf
5-46) http://www.jpeocbd.osd.mil/packs/Default2.aspx?pg=200
5-47) Joint Project Manager for Protection Brochure, January 2013 & April 2013, http://www.marcorsyscom.marines.mil/Portals/105/JPMP/PDF/JPM_P_Brochure_APR2013_FINAL.pdf
5-48) http://www.koken-ltd.co.jp/product/pdf/gas_masks.pdf
5-49) 林英之、防衛技術ジャーナル、2011年8月号
防衛産業委員会特報　第288号、一般社団法人　日本経済団体連合会　防衛産業委員会、2016年1月.
5-50) http://www.mod.go.jp/gsdf/mae/3d/3nbc/equipment.html
5-51) http://www.epa.gov/assessing-and-managing-chemicals-under-tsca/20102015-pfoa-stewardship-program
5-52) http://www.kaizenken.jp/2004/43world/img/43rd_immfc.pdf
5-53) http://www.globalsecurity.org/military/systems/ground/jslist.htm
5-54) S, Paris, Joint Service Lightweight Integrated Suit Technology (JSLIST) Ensemble, 2006 Chemical Biological Individual Protection (CBIP) Conference & Exhibition Charleston, SC. 7-9 March 2006.
5-55) ヒューマン防護システム研究部会　2012年度及び2013年度海外技術調査報告会資料「NBC防護の技術動向」.
5-56) ナノファイバーテクノロジーを用いた高度産業発掘戦略、シーエムシー出版、2004年2月.
5-57) 平成20年度 機械産業の国際競争力強化に資する安全保障貿易管理制度の調査研究報告書、一般社団法人　日本機械工業連合会、平成21年3月.
5-58) http://www.dailymail.co.uk/sciencetech/article-2597705/The-new-robot-mannequin-tests-armed-forces-chemical-biological-suits-revealed.html
5-59) 正式名称：防衛装備品及び他の関連物品の共同研究、共同開発及び共同生産を実施するために必要な武器及び武器技術の移転に関する日本国政府とグレートブリテン及び北アイルランド連合王国政府との間の協定
5-60) 防衛装備庁技術シンポジウム2015「CB防護技術に関する日英共同研究プロジェクト」.

〈防衛技術選書〉新・兵器と防衛技術シリーズ③

陸上装備の最新技術

2017年12月10日　初版　第1刷発行

編　者　　防衛技術ジャーナル編集部
発行所　　一般財団法人 防衛技術協会
　　　　　東京都文京区本郷3－23－14　ショウエイビル9F（〒113-0033）
　　　　　電　話　03－5941－7620
　　　　　ＦＡＸ　03－5941－7651
　　　　　ＵＲＬ　http://www.defense-tech.or.jp
　　　　　E-mail　dt.journal@defense-tech.or.jp
印刷・製本　ヨシダ印刷株式会社

定価はカバーに表示してあります
©2017（一財）防衛技術協会
ISBN 978-4-908802-19-5